IMPRESS NextPublishing

技術の泉シリーズ

ゼロからのデータ基盤

Snowflake

山中 雄生／小宮山 紘平 ｜著

実践ガイド

データ利活用のための基盤を構築！

GUJUTSU no IZUMI SERIES

POWERD by NEXTPUBLISHING

技術の泉 SERIES

インプレス

目次

はじめに

　本書を手に取っていただき、ありがとうございます。本書は、データ基盤をこれから構築していく方や、データ基盤の基礎について知りたい方にむけて、データ基盤の構築方法について解説した本です。データ基盤の技術トレンドはこの十年で大きく変化し、近年ではクラウド側のデータ基盤サービスが主流になってきました。

　本書では、前半は一般的なデータ基盤について解説した後、近年話題のデータウェアハウスサービスであるSnowflakeについて紹介しています。Snowflakeをこれまで触ったことがない方でも理解できるような内容になっています。後半では、Snowflakeを中心とした実践的なデータ基盤の構築について説明しています。モダンデータスタックと呼ばれるモダンなツール群を活用した紹介例を、プログラムコードとともに解説しています。本書を通じて、Snowflakeを使った基礎的なデータ基盤をゼロから構築するためのガイドになっていれば幸いです。

本書の目的

　近年、データ基盤が一般化し、より多くの企業で活用されるようになってきました。それと共に、データ基盤を構築するデータエンジニアのニーズが急速に高まっています。しかし、データエンジニアを目指す方の第一歩を後押しする実践的な情報がまとまった書籍はあまり多くありませんでした。本書は、これまでデータ基盤構築の経験がないエンジニアにむけて、データ基盤の基礎知識と代表的なデータ基盤サービスであるSnowflakeについて解説します。また、本書では周辺ツールについてもご紹介し、実践的なデータ基盤全体の構築方法について知っていただくことを目的としています。既にSnowflakeの利用経験がある方や、データ基盤の構築経験がある方にとっては既知の内容が多いかもしれません。

　本書では、データエンジニアの第一歩を踏み出す方（かつての筆者がそうでした）にとっての羅針盤となり、本書を入口として、奥深く面白いデータエンジニアリングの世界へ踏み出していっていただけることを願っています。そのため、本書では、多くの書籍や情報源を紹介しています。本書を手にとっていただいた皆様が、データエンジニアリングを深く学んでいただくきっかけとなれば幸いです。

　また、本書では、実践的な理解をお手伝いするため、実例や具体的なツールの紹介をあえて多くしています。これらの実例やツールはすぐに陳腐化してしまう情報であり、書籍として長く使われるためには適していないと思います。しかし、抽象的な概念や思想について述べるより、本書で紹介されているツールを実際に触っていただく方が、第一歩を踏み出そうという方の手助けになると考えています。ぜひ、多くの技術やツールに触れていただき、データエンジニアリングの世界を楽しんでいただければ幸いです。編集や出版時期の関係で、すでに古くなってしまっている情報があるかもしれませんが、ご容赦ください。

本書の対象読者

本書では次のような人を対象としています。

・データ基盤について興味がある人
・データエンジニアについて興味がある人

前提とする知識

本書はソフトウェアエンジニア経験がある方に向けて記述しています。エンジニアにとって一般的な知識と思われる事柄については、説明を飛ばしていることがあります。なるべく丁寧に説明を入れているつもりですが、理解が難しい点についてはお問合せいただけると幸いです。

謝辞

本書は本橋峰明氏に監修していただきました。細かいところまで丁寧にご指摘いただきました。この場を借りて感謝申し上げます。

そして、出版にあたり、インプレス社編集部の皆様に多大なるご協力をいただきました。この場を借りて感謝申し上げます。

第1章　データ基盤とは

||||||||||||||||||||||||||||||||||||||||||||||||||||||||||||||||||||||||||||||||||||||||||||||||||||||||||||||||||||||||||||||||

機械学習やAIの興隆に伴って、それを支えるデータの重要性が増してきました。大規模なデータを取り扱うことができる分析用途のデータベースおよびその周辺エコシステムを統合したものを「データ基盤」と呼びます。この章では、データ基盤の基礎知識について解説します。

||||||||||||||||||||||||||||||||||||||||||||||||||||||||||||||||||||||||||||||||||||||||||||||||||||||||||||||||||||||||||||||||

1.1　データ革命

　PCやスマートフォンの普及に伴い社会全体がデジタル化されていくにつれ、企業に貯蓄されるデータ量は増大してきました。2011年にMarc Andreessenが「Why Software Is Eating the World[1]」を寄稿し、ソフトウェアの威力を示してから10年強が経ち、この数年はChatGPTをはじめとする大規模言語モデル（Large Language Models; LLM）が新たな体験を生み出しつつあります。LLMを支えているのは巨大な計算リソースと、インターネット上の膨大に蓄積されたデータです。企業はソフトウェアやIoTデバイスからより多くのデータを収集することができるようになり、人々もSNSなどを通じてより多くのデータを生成するようになりました。このような背景から、「ビックデータ」という言葉が2011年ごろから広がり始めました。その言葉の広がりに合わせるように、膨大なデータを一箇所に集積し分析できるスケーラブルなデータベースのニーズが急拡大します。そのようなデータベースは90年代頃から**データウェアハウス**（Data Warehouse）と呼ばれていましたが、近年になってより多くの企業で必要とされるようになったのです。

　Google BigQuery、Amazon Redshift、Snowflake、Databricksといった現在主流になっているクラウド型データウェアハウスは2010年台前半に立て続けに登場しています。それまではセットアップすることすら大変な労力を伴うデータウェアハウスでしたが、クラウド型のフルマネージド型サービスが登場したことで、利用ハードルは劇的に下がりました。

　近年はソフトウェアや企業活動の改善のため、仮説検証をデータを用いて実施する例も非常に増えています。例えば、A/Bテストに代表されるようなソフトウェア上のユーザー分析などでは、多くのユーザー行動データを蓄積して分析していきます。また、顧客セグメント分析を実施し、より効果のあるセグメントに営業リソースを集中させたり、潜在的なターゲット顧客を見つけ出すことも行われています。これらの手法自体は昔から存在しますが、ソフトウェアとデータウェアハウスの普及に伴って、より低コストかつ素早く実施することが可能になっています。

　2016年ごろからは機械学習やAIの時代が本格的に到来し、多額の投資が行われるようになりました。機械学習、特にニューラルネットワーク系のアルゴリズムでは非常に大量のデータを必要とす

1.https://a16z.com/why-software-is-eating-the-world/

るため、データウェアハウスは機械学習のためのデータ保管庫としても利用されるようになりました。2022年から2023年にかけては、MidjourneyやChatGPTといった超巨大な機械学習モデルによる高精度なコンテンツの自動生成が、社会に衝撃を与えました。多くの企業がこのような大規模モデルを自社サービスや営業活動に組み込むことを考えており、ファインチューニングのために、自社のデータウェアハウスに蓄積されたデータを利用することになるでしょう。

「データ革命」や「AI革命」と呼ばれることもあるこのような社会の流れは確かに存在しますが、一方で批判の対象にもなっています。このようなバズワードに釣られ流行りに乗ろうとして、ユースケースや意義を十分に検討しないままデータやAIの利活用を進めようとしても、その多くは失敗に終わってしまいます。よく聞く例として、営業活動そのものを疎かにしてデータ活用や分析でどうにかしようとするケースあります。「データ分析やデータ活用は売上を一定割合改善できるが、そもそもの売上が少ない状態では効果が薄い」と言われるように、データ分析は万能ではありません。このような場合は、データ分析やデータ活用に投資するよりも、営業活動を増やしたりターゲットセグメントを拡大するソフトウェアへの投資といった施策の方が重要です。

本書では、データの取り扱い方や考え方についてはあまり触れません。しかし、データウェアハウスやデータ基盤を構築する際に最も重要なことは、「導入して何を実現するのか？」というビジョンを言語化し、初めのうちはそこから逸れないようにすることです。そして、そのビジョンを仲間と共有してプロジェクトを進めていくことをお勧めします。

1.2　データ基盤：データのエコシステム

文字通り、データウェアハウスは、データを保管し分析するための「データの倉庫（工場）」です。この倉庫に「原材料」となるデータを送り込むための仕組みや、この倉庫から分析結果を「出荷」してユーザーに届けるための仕組みが別途必要になります。その流通システム全体のことを**データ（分析）基盤**と呼びます。例えば、以下のようなツールがデータ基盤に含まれます。

- **ETLツール**：データソース（各種アプリケーション）に蓄積されたデータを収集しデータウェアハウスに保管する
- **データ変換ツール**：データウェアハウス内のデータを利用しやすいように整形・クリーニング・集計する
- **BIツール**：データウェアハウスの分析データをテーブルやグラフのような形でビジュアライズする

これ以外にも、要件に応じて、データ品質管理ツールやリバースETLツールなど、さまざまなツールがデータ基盤に統合されることになります。データ基盤の全体像については「1.6　データ基盤を構成する技術」で詳しく紹介します。

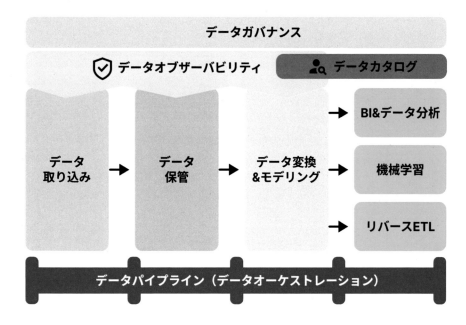

1.3　Big Data is Dead

　データウェアハウスでは、膨大な量のデータを処理する必要があるため、それに最適化された分散型システムアーキテクチャが採用されています。しかし、多くの企業にとって、データ基盤の真の価値は、膨大な量のデータを処理出来ることではないかもしれません。2023年、BigQueryの創業開発者であるJordan Tigani氏が「Big Data is Dead[2]」というブログを投稿し、話題となりました。そのブログの中では、BigQueryユーザーのユースケースを分析したなかで、ビッグデータと呼ばれる非常に巨大なデータ（テラバイト以上）を扱う必要はほとんど存在せず、また巨大なデータに対して問い合わせ（クエリ）を行う必要もほとんど存在しないと指摘しました。例えば、古いデータにアクセスするようなユースケースはほとんど存在しないため、過去データを圧縮したり集計データのみを保持するようにすることでほとんどの場合十分であると述べています。また、近年のコンピューティングの発展によって巨大なインスタンスもクラウド上で簡単に調達できるため、分散処理基盤が必要になるケースも限られていると言っています。これまで、BigQueryをはじめとした分散型のデータ基盤の有用性は、加速度的にデータの蓄積が進んでいくことが前提に存在しました。しかし、そのような予測は多くの企業にとっては当てはまらなかったということになります。

　このような事実を踏まえると、データウェアハウスの選択肢は非常に広がります。セルフホスト型のデータウェアハウスのオープンソースソフトウェア[3]などを採用する選択肢もあるでしょう。もちろん、クラウド型のデータウェアハウスは運用コストの点で分がありますし、コンピューティン

2.https://motherduck.com/blog/big-data-is-dead/

3.例えば、Dremio（https://www.dremio.com/）やDuckDB（https://duckdb.org/）などが存在します。

グリソースを柔軟に割り当て可能なため、引き続き最有力な選択肢に入るでしょう。

　一方で、組織内でデータ活用を行うという目的を達成するためには、何を考慮する必要があるのでしょうか。

1.4　サイロ化の課題

　データ活用を進める上での最大の障壁は「サイロ化」であると考えられています。サイロ化とは、各部署で使われているシステムが分断され、部署間での連携が困難になっていくことを意味しています。各部署のデータを横断して利活用を進めることが難しくなり、業務プロセスの全体を管理することが難しくなります。また、組織や部署を跨いだコラボレーションの阻害要因にもなり、イノベーションを生み出す上での障壁として立ちはだかります。

　サイロ化の課題を解消するためには、各システムで管理されているデータを抽出して、データウェアハウスに集積することが有効です。これにより、データウェアハウス上で複数のシステムのデータを自由に組み合わせて分析することが可能になります。たとえば、新規顧客開拓のため、営業が成功する確率が高い企業やユーザーを見つけ出したい場合を考えてみます。既存顧客の情報は、マーケティングツールや自社サービスのデータベース、ユーザーロギングツールなどに散らばっています。まず、それらをデータウェアハウスに集積し、ウェアハウス上でデータを掛け合わせて分析することで、既存ユーザーがどのようなセグメントに多く属しているのかが分かるでしょう。また、どのようなメディアから流入したユーザーがより自社サービスを愛用しているかも分かるかもしれません。このような分析をもとに、新たな顧客セグメントを発掘する施策を検討したり、どのような媒体にマーケティング費用を投下するかを検討できます[4]。

　もし、これらのデータが各所に散らばっていたら悲惨なことです。各所に散らばったデータをまず手元に集めてきて分析するような必要が都度生じるとしたら、途中で諦めてしまうかもしれません。データが一箇所に集約され、常に使える状態になっている[5]ことで、より多くの人がデータを活用しようとトライするでしょう。データ基盤は、データ活用のハードルを下げる役割を果たします。

　しかし、仮にデータ基盤が存在したとしても、データのサイロ化は進みます。なぜなら、各部署は常に改善を試みており、新しいデータの収集や作成、新規システムの導入を行なっていきます。もしデータ基盤の管理者がこのことを把握できなければ、それらの新しいデータはデータ基盤に集積されないままサイロ化します。多くの場合、組織間のコミュニケーションが減少し部署ごとに最適化を試みるようになることで、このような問題が発生します。つまり、組織のサイロ化と、データのサイロ化は切り離せない問題なのです[6]。

---

4. 顧客分析のためにデータを収集・分析するプラットフォームを Customer Data Platform（CDP）と呼びます。従来はフルパッケージ型の CDP 製品が主流でしたが、近年はデータ基盤と統合して構築する Composable CDP というアーキテクチャも注目を集めています。

5. このようにデータが一箇所に集約されて常に利用可能な状態を Single Source of Truth と呼びます。

6. この問題を解決するため、中央集権と地方分権を組み合わせたデータマネジメント・アーキテクチャとして、データメッシュ（Data Mesh）が注目されています。

データマネジメント

　サイロ化の問題をはじめとして、データの利活用に向けては、データの管理・運用に関する課題が多く存在します。そのような課題に対応する業務はデータマネジメントとして体系化され、非常に幅広いトピックが含まれます。例えば、データ取り扱い倫理に関するトピックには、個人情報の取り扱いなどが含まれます。個人のプライバシーを侵害することなく、組織のデータ資産を活用していくための取り組みを実施します。また、データセキュリティのように、組織のデータ資産を保護することもデータマネジメントの一部です。図1.2は、DAMA International[7]が公開している、データマネジメントにおける10の知識領域について示したものです。

図1.2: DAMA ホイール図

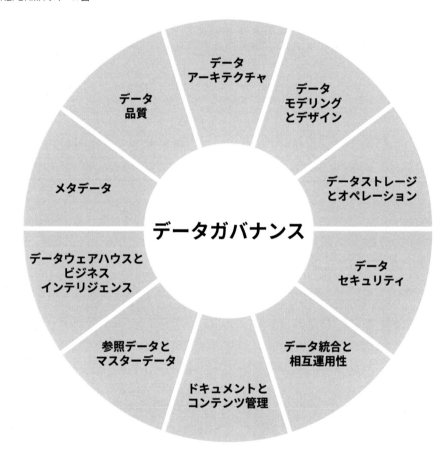

　データ基盤を構築・運用する上では、このようなマネジメント領域についても深く理解し、実践していくことが必要になります。

7.The Global Data Management Community: https://www.dama.org/cpages/home

1.5 データ基盤とアプリケーションシステムの違い

サイロ化を阻止するためのデータ基盤は、通常のアプリケーションシステムと何が異なるのでしょうか。当然のことながら、そもそもの目的が異なっています。まず、データ基盤が「分析・集計」を目的としているのに対し、アプリケーションシステムはデータの「保存・変更」を目的としています[8]。

データ基盤はデータをスキャニングして集計する処理を高速化するために、データアクセスに対する並列性を向上させたり、列指向（Columnar）のストレージシステムを採用しています。列指向とは、データを列毎に格納する方式のことです。この方式の場合、ある一列のデータをまとめて取得するのが高速になります。分析・集計の場合は列ごとに集計する場合が多いため、このようなデータの持ち方を行うことで効率化が図れます。一方、アプリケーションシステムでは、行ごとに参照・更新するユースケースがほとんどのため、行指向のストレージシステムを採用しています（図1.3）。

図1.3: 行指向と列指向ストレージ

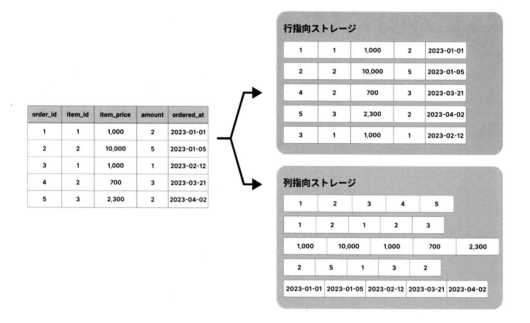

また、データ基盤は様々な種類のデータを一元管理して分析するため、柔軟なスケーラビリティが求められます。一日の中で、小さなデータセットに対してクエリすることもあれば、大きなデータセットをクエリすることもあるため、常に柔軟にスケールできる必要があります。一方で、アプリケーションシステムでは、一時的なアクセス集中などを除けば、システム負荷は予測可能で、緩やかに変化していきます。そのため、スケーラビリティは必要ではありますが、比較的緩やかに対

---

8. 一般にデータ基盤は Online Analytical Processing（OLAP）と呼ばれるユースケースに対応し、アプリケーションシステムは Online Transactional Processing（OLTP）と呼ばれるユースケースに対応します。

応できれば良いケースが多いです（図1.4）。

図1.4: アプリケーションと分析基盤のアクセスパターン

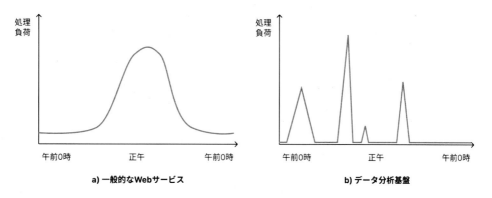

a) 一般的なWebサービス　　　　　　b) データ分析基盤

　アプリケーションシステムはデータを正しく保存し適切に変更されることを保証するため、書き込み・読み込み性能の要求が厳しかったり、様々な制約（Constraint）を付与することが出来ます。一方、データ基盤ではアプリケーションシステムほどの厳密性は要求されず、分析パフォーマンスを優先するケースがあります[9]。

1.6　データ基盤を構成する技術

　アプリケーションシステムがデータベース単体では成り立ってないように、データ基盤もデータウェアハウス単体では成り立ちません。データ基盤の目的は、データを集積して分析可能な状態に加工してユーザーに提供することです。近年、データ利活用へのニーズの高まりに合わせ、各種周辺ツールが次々と登場してきました。例えば、データへのアクセス権限管理などを担う**データガバナンス**（Data Governance）に関するツールや、データを取り込み加工する一連のワークフローを管理する**データオーケストレーション**（Data Orchestration）に関するツールなどがあります。これらのツールはPostgreSQLなどのアプリケーションDBにも対応していることがありますが、基本的にはデータウェアハウス向けに開発されています。このセクションでは、データ基盤を構成する技術について概観します。

データウェアハウス

　データウェアハウスは、データに対してクエリを発行し計算するコンピューティングシステムであり、そのデータを保管するストレージシステムを包括して指すこともあります。コンピューティングレイヤーでは大規模なデータに対して高速に計算をかけるため強力な並列処理機構が採用されています。シェアード・ナッシング・アーキテクチャ（Shared Nothing Architecture; SN）などがその一例になります。ストレージレイヤーでは、大きなデータを保管するコストを削減するための

---

9. データ基盤の製品では、並列性やパフォーマンスの向上を図るため、設定出来る制約が少ないなどの違いがあります。

データ圧縮のアルゴリズムや、データへの高速なアクセスを実現するデータの持ち方などが工夫されています。前述した列指向ストレージなどがその一例になります。データウェアハウスはその名の通り、「データの保管庫」であり、データが整理された状態が保たれ、素早く取り出せることが重要になります。

データレイク

　データウェアハウスと似たものとして、**データレイク**（Data Lake）というものがあります。データレイクは、ストレージシステムです。行列データ（CSVデータなど）に限らず、ログデータであったり、画像・動画といったあらゆるデータを保管するストレージです。データレイクは、その名の通りデータを放り込んでおく「池」です。データソースからのデータをほとんどそのままの形式で保管することができます。例えば、すぐにデータウェアハウスに入れる必要はないが保管しておきたいデータや、画像などのデータウェアハウスに入れにくいデータなどを保管する役割があります。ウェアハウスで処理したデータを保管する場所として用いられることもあります。また、データウェアハウスに何かしらのトラブルが生じてデータが失われた場合のバックアップとしての役割もあります。そのため、データレイクには低コストであることと高耐久性が求められます。近年はAmazon S3やGoogle Cloud Storageなどのクラウドストレージをデータレイクとして用いるケースが多いです。

　なお、近年ではデータウェアハウスとデータレイクを一体化したクラウドサービスが一般的になっています[10]。そのため、データレイクを別で用意する必要はあまり無くなってきました。

ETL/ELT

　データソースからデータを抽出し、データレイクまたはデータウェアハウスにデータをロードする処理のことを**ETL**と呼びます。ETLは、「Extract（抽出）」、「Transform（変換）」、「Load（ロード）」のアクロニムです。データソースからデータを取り出すことを「抽出」、データを変換したり必要な部分のみ切り出すことを「変換」、データレイクやデータウェアハウスにデータを入れることを「ロード」と呼んでいます。ストレージやコンピューティングのコストが高かった時代はETLの順で実施することが多かったのですが、近年はストレージコストの低下やコンピューティングの最適化が進んだことで、ELTの順で実施することが一般化しています。ELTとは、データソースのデータをそのままの形式でデータウェアハウスにロードし、データウェアハウス内でデータを変換する、というアプローチです。このアプローチでは、ETLの変換処理では失われてしまう変換前のデータをデータウェアハウス内に保持しておくことができるため、将来的にそのデータを使いたくなった場合にすぐ利用できます。また、変換処理自体もデータウェアハウスで行う方が処理パフォーマンスや管理・運用の面で優位に働きやすいという利点があります。

　ETL/ELT処理はデータ量が多く負荷が高くなりやすいため、分散処理基盤であるApache Sparkや、Embulkなどが使われることが多いです。近年はクラウド型のETL/ELTツールが登場しており、より学習・実装コストがかからなかったり、管理コストが抑えられたりすることから採用例が増えています。

---

10. このような構成のことをデータレイクハウス（Data Lakehouse）ということがあります。

ETL/ELTツールについての詳細は第6章「ETLとReverse ETL」にて紹介します。

リバースETL（データアクティベーション）

リバースETL（Reverse ETL）または**データアクティベーション**（Data Activation）は、データウェアハウス上で分析したデータを、別のアプリケーションに書き込む処理のことを指します。これまではデータウェアハウスがデータの最終到達地点であることが多かったのですが、近年はデータウェアハウスで行った分析結果をアプリケーションに戻したいというニーズも高まっています。そのための処理がリバースETLになります。基本的にはETLと似ておりETLツールで行えることが多いですが、リバースETLに特化したツールも存在します。こちらも、詳細は第6章「ETLとReverse ETL」にて紹介します。

データ変換管理

ELTが一般化するのに伴い、データウェアハウス内でのデータ変換を行うユースケースが増加してきました。変換のプロセスでは、異なるデータソースからのデータを組み合わせながら、ユーザーが求めるデータセットを作成していく必要があります。しかし、そのような作業は容易に複雑化し運用コストが加速度的に増大していきます。近年登場してきているデータ変換管理ツールがこの課題にアプローチしようとしています。これらのデータ変換管理ツールでは、一連のデータ変換をコードなどで管理した上で影響範囲を分かるようにする機能などを提供しています。データに対するテスト機能やドキュメント機能なども含むツールも存在し、ソフトウェア開発でのベストプラクティスがデータ変換に対しても適用できるようになっています。

データ変換管理ツールに関する詳細は第5章「実践的データ基盤の構築」にて紹介します。

ビジネスインテリジェンス（BI）

データ基盤は、「データを分析し、ユーザーに提供する」ことがゴールの一つであるため、ユーザーに提示するためのインターフェースが必要になります。多くのデータウェアハウスはCLIやドライバーで接続してクエリを発行し、結果を取得可能ですが、最終的にはそれらをグラフやチャートにして見たいのではないでしょうか。また、ユーザーにはクエリが書けないメンバーも含まれるため、より直感的なGUIで操作可能なツールを提供する必要があるでしょう。

そのようなニーズに対応するのが**ビジネスインテリジェンス**（Business Intelligence; BI）ツールになります。BIツールの基本的な機能は、ユーザーの代わりにデータウェアハウスに接続しデータを取得することと、データをビジュアライズすることです。おそらく人類にとって最も親しみのあるBIツールはExcelでしょう。しかし、Excelは他ユーザーとの共有が難しかったり、データ量が多い時のパフォーマンス問題や、運用保守が難しいなどの問題があります。そのため、そうした課題をクリアするためにさまざまなBIツールが存在します。なお、近年LLMの発展を背景に、自然言語での問合せをSQLに変換する取り組みも盛んになっているため、今後のBIツールのあり方は大きく変わるかもしれません。BIツールについての詳細は第8章「BIツール」にて紹介します。

データオーケストレーション

データ基盤の一連のフローは、ELTツールなどでデータソースからデータを抽出し、データウェアハウスにデータをロードした上で、データ変換管理ツールでデータを変換します。このデータのフローを**データパイプライン**（Data Pipeline）と呼びます。もしあなたがこのシステム管理者であったとしたら、このデータパイプラインを楽に構築・管理したいと思うのではないでしょうか。その状態を実現するのが**データオーケストレーション**（Data Orchestration）ツールになります。古くから存在する一般的なワークフローエンジンを利用するケースの他、近年ではデータパイプラインに特化したツールも登場しています。データオーケストレーションツールは各種ツールと連携し、一連のワークフローを構築・管理・実行できるものです。データオーケストレーションツールに関する詳細は第7章「データオーケストレーション」にて紹介します。

データオブザーバビリティ

アプリケーションデータベースと異なり、データウェアハウスは**制約**（Constraints）[11]を備えていないことが多いです。また、データ処理の前提となっているアプリケーション側のバリデーション（Validation）が変更される場合もありますし、異常値が紛れ込むこともあります。このようなケースにおいて、意図しないデータをユーザーに提供してしまうことがあります。このような「バグ」は非常に発見が困難です。**データオブザーバビリティ**（Data Observability）ツールは、このようなデータの破損や異常を検知してくれるツールになります。データの利活用を進める上でデータの正確性や品質は非常に重要になるため、このようなツールは役立ちます。

データカタログ

ユーザーがデータを利用したいと考えた場合、まずどのようなデータがあるのかを把握する必要があるでしょう。そのためのドキュメントを**データカタログ**（Data Catalog）と呼びます。データカタログでは、どのようなデータセットが存在し、各カラムがどのようなデータであるのかといった情報や、そのデータセットの利用目的などが記述されています。ユーザーが適切なデータセットを発見し、利用することができるようにすることが必要です。データカタログも、データの利活用を進める上で重要な役割を果たします。専用のツールも存在しますが、データ変換管理ツールやデータウェアハウスに付属しているケースもあります。また、ツールに頼らずとも「ドキュメント」という形でユーザーが利用可能な状態であれば十分なケースもあります。データカタログもBI同様、自然言語による問合せとの相性が良いため、LLMによって今後大きく変わる可能性があります。

1.7　モダンデータスタック

データ基盤を構成する技術は前述したものの他にもさまざま存在します。各技術はデータ基盤で必要な各機能に特化してきており、多くがクラウド型のSaaSツールやOSSとして提供されるようになって来ています。このようなツール群を総称して**モダンデータスタック**（Modern Data Stack;

11.Snowflakeでは、非NULL制約やユニーク制約などが存在しますが、実際に有効化できるのは非NULL制約のみです。

MDS）と呼びます。従来のデータ基盤はオンプレミスでホストされるETLツールとデータウェアハウスの組み合わせであるのに対し、モダンデータスタックは主にクラウドベースの各種専門ツールを組み合わせて、管理コストや学習コストが低く使いやすいデータ基盤の構築を目指します。

モダンデータスタックはETLツールサービスを提供するFivetran社が提供した用語ですが、近年はこの考え方が一般化してきました。特に、クラウドベンダー以外が提供するデータウェアハウス製品を採用している企業において採用されるケースが多いです[12]。ただし、モダンデータスタックにはコスト面で割高になりやすい点や、全体の管理が難しくなるなどのデメリットもあるため、闇雲にツールを導入するのではなく、そのツールを導入することで得られる利点や、中長期的なコストを鑑みる必要があります。

図1.5: LakeFS社によるモダンデータスタックのカオスマップ[13]

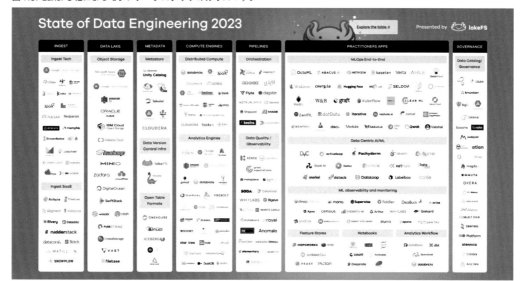

1.8　参考文献・リンク

第1章では、データ基盤の概観を紹介しました。データ基盤は歴史的にも非常に奥が深く、かつトピックも非常に多岐にわたります。その上、近年は技術の進歩が目まぐるしく、トレンドが数年で大きく変わっていく領域になっています。各トピックについて、本書で説明を省略している箇所があるため、より深く理解を得たい方に向けて、参考文献を紹介します。

データエンジニアリング

- 西田 圭介, ビッグデータを支える技術〜ラップトップ1台で学ぶデータ基盤のしくみ, 技術評論社, 2021
- Joe Reis, Matt Housley, Fundamentals of Data Engineering, O'Reilly Media, Inc., 2022

---

12. クラウドベンダーはサービスラインナップとして独自のETLやデータカタログツールなどを提供しているためです。

- Piethein Strengholt, Data Management at Scale: Best Practices for Enterprise Architecture, O'Reilly Media, Inc., 2020[14]

データマネジメント

- DAMA International2, DAMA-DMBOK: Data Management Body of Knowledge: 2nd Edition, Technics Publications, 2017[15]
- ゆずたそ, 渡部 徹太郎, 伊藤 徹郎, 実践的データ基盤への処方箋〜ビジネス価値創出のためのデータ・システム・ヒトのノウハウ, 技術評論社, 2021

もちろんこれ以外にも多くの書籍やブログなどが存在していますので、是非情報収集を行ってみてください。情報収集源としては、以下のようなものがおすすめです。

- 各種コミュニティ・イベント（参加するだけでなく、交流や発表を行うのがおすすめ）
- X（Twitter）
- Medium

なお、おすすめのブログやコミュニティについては第5章「実践的データ基盤の構築」で紹介しています。

---

14. 邦訳版は「大規模データ管理」。原書は2023年に改訂版が出版されています。
15. 邦訳版は「データマネジメント知識体系ガイド 第二版」

第2章　Snowflake とは

||||||||||||||||||||||||||||||||||||||||||||||||||||||||||||||||||||||||||||||||||||||||||||||||||||||||
Snowflake は米 Snowflake 社が開発しているクラウド型のマネージドデータウェアハウスサービスです。当初はデータウェア
ハウス機能のみを提供していましたが、現在はデータウェアハウスに留まらず、データ基盤を構築するための様々な機能を提
供しています。この章では、Snowflake の基本的な機能について概観するとともに、Snowflake の特徴について紹介します。
||||||||||||||||||||||||||||||||||||||||||||||||||||||||||||||||||||||||||||||||||||||||||||||||||||||||

2.1　Data Cloud

　Snowflake は現在「データクラウド（Data Cloud）」と自称しています。これは、Snowflake がデー
タウェアハウス機能に留まらず、データ基盤にまつわるさまざまな機能を提供するべく拡大してき
ているためです。Snowflake のミッションは「世界中のデータをモビライズする」ことであり、そ
のためにはデータウェアハウス機能に留まらず、多様な機能を提供する必要があるということです。
「世界中のデータをモビライズする」とは、自社だけでなく世界中のデータをガバナンス統制の効い
た状態でアクセスし、簡単にデータを使うことができる状態にすることです。やや分かりにくい概
念ではありますが、データを中心とした様々なユースケースに対応した統合プラットフォームにな
ることを目指しています。

2.2　データウェアハウス

　Snowflake の中心的かつ最も初期から存在する機能がデータウェアハウスになります。データウェ
アハウスの概念については既に第 1 章「データ基盤とは」にて述べているため、ここでは Snowflake
のデータウェアハウスの機能を紹介します。

テーブル

　データベースと同様に、Snowflake には**テーブル**と呼ばれるデータを格納するためのオブジェク
トが存在します。テーブルには、構造化データや半構造化データ[1]格納することができます。関係
データベースと同様に、カラムとそれに対する型を定義する必要があります。

リスト 2.1: テーブル定義文
```
create table users (
  id int,
  name varchar(255),
```

1.JSON など、スキーマがあらかじめ決まっていないデータ構造のことを指します。Snowflake では、VARIANT 型により半構造化データを格納することができます。

```
    age int
);
```

　一方で、関係データベースと異なる点として、Snowflakeのテーブルでは、NOT NULLは定義もできて機能しますが、それ以外の制約は定義はできるものの機能しません。また、インデックスを作成することもできません。代わりに、クラスタリングキーを設定することが可能です[2]。ただし、Snowflakeの場合、クラスタリングキーを明示せずとも、日付などのカラムを用いてクラスタ化されているため、よほどデータ量の大きいテーブルでなければクラスタリングキーを明示しなくても問題ありません。Snowflakeのクラスタリングについては、「2.9 Snowflakeの特徴」にて詳説します。

　なお、Snowflakeには「テーブル」と呼ばれるものが数多く存在します。

- **永続テーブル**（Permanent Table）
- **テンポラリテーブル**（Temporary Table）[3]
- **トランジェントテーブル**（Transient Table）
- **外部テーブル**（External Table）
- **動的テーブル**（Dynamic Table）
- **イベントテーブル**（Event Table）
- **ハイブリッドテーブル**（Hybrid Table）

　まず、通常のCREATE TABLE文で作成される通常の**永続テーブル**は、列指向のファイルフォーマットで格納された集計処理に最適化されたテーブルです。**テンポラリテーブル、トランジェントテーブル**も同様のファイルフォーマットで構成されていますが、以下のような違いがあります。

- トランジェントテーブル、テンポラリテーブルはどちらも、Fail-Safe期間[4]が設定されていない。
- テンポラリテーブルは、単一セッションの中でのみ作成・参照ができ、セッションが終了すると自動的に削除される。永続テーブル・トランジェントテーブルは、明示的に削除しない限り、永続的に保持される。

　一方、**外部テーブル**はユーザー自身がAmazon S3などのオブジェクトストレージに配置しているデータセットを、Snowflakeのテーブルとして扱うことができる機能です。他システムから出力されたデータをSnowflakeで分析する際に便利ですが、クエリパフォーマンスは他のテーブルより悪化します。また、読み取り専用のテーブルとなるため、データの更新はできません。

　動的テーブルはビューと同じように、抽出クエリの結果をテーブル形式で宣言することができる機能です。ビューは毎回クエリされるタイミングで常に再計算されます。一方で、動的テーブルは

2.CLUSTER BY オプションを利用してテーブルで利用するクラスタリングキーを指定できます。
3.Snowflake のドキュメントでは Temporary Table を仮テーブル、Transient Table を一時テーブルと翻訳していますが、データベース業界一般では Temporary Table は一時テーブルと翻訳されています。誤解を招く可能性があるため、この2つのテーブルについては本書では翻訳せずに記述します。
4.Fail-Safe については「2.9 Snowflake の特徴」にて説明します。

テーブルに設定した最大遅延時間に基づき、定期的にリフレッシュされます。そのためクエリされるタイミングで再計算が行われることはありません。動的テーブルについては「2.4 データパイプラインの構築」にて紹介します。

Single Platform の思想

　Snowflake は、Single Platform という思想に基づいて、機能開発を行っています。あらゆるデータに関わるワークロード（ユースケース）を、Snowflake という単一のプラットフォームで実現しようという思想です。例えば、一般的なパブリッククラウドインフラサービスでは、関係データベースやオブジェクトストレージやイベントロギングは、それぞれ別のサービスとして提供されています。Snowflake は、それらのサービスを一つのプラットフォーム上に統合しようとしています。そのため、**SQL という単一の言語であらゆるサービスを利用することができます**し、単一のワークシート上でそれらのサービスを操作することができます。この思想により、Snowflake は、ユーザーにとってはシンプルで学習コストの低いプラットフォームとして支持されています。

図2.1: シングルプラットフォームの概要

イベントテーブルは、ログやトレースを保存するためのテーブルです。通常のテーブルはログデー

タのようなストリーミングデータの記録には不向きで、一括でデータをロードするバルクロードに向いています。しかし、Snowflake内でプロシージャやユーザー定義関数の中でロギングを実装したい場合に、ログデータを保管するテーブルが必要になります。そのため、ログやトレースの格納に特化したテーブルとしてイベントテーブルが用意されています。

最後に、**ハイブリッドテーブル**は、2023年10月時点ではプライベートプレビュー[5]中の機能です。ハイブリッドテーブルは、OLTPに向いたテーブルで、行毎にデータを追加・更新・削除するアクセスパターンに最適化されたテーブルです。関係データベースのように、一秒間に数千リクエストのデータ変更を受け付けるようなアプリケーション向けのテーブルです。Snowflakeが提唱する「ユニストア」の中心的な機能として提供される予定となっています。ユニストアおよびハイブリッドテーブルについては第9章「データアプリケーションと分析」にて紹介します。

いずれのテーブルも、CREATE XXX TABLE文で作成することができます。例えば、動的テーブルを作成する際は、CREATE DYNAMIC TABLE文を使用します。

ビュー

ビューとは、抽出クエリを事前に定義しておき、その抽出結果をテーブルのように扱うことができる機能です。CREATE VIEW文で作成することができます。

リスト2.2: ビュー定義文

```
create view users_vw as
select
  id as user_id,
  name as user_name,
  email as user_email
from users;
```

このように定義されたビューに対して、テーブルと同じように抽出クエリを記述することができます。

リスト2.3: ビューに対する抽出クエリ文

```
select * from users_vw
where user_id = 1
;
```

ビューはクエリされる度に集計を行いますので、常に最新のデータを参照することができます。しかし、ビューで定義しているクエリが重たい場合は、クエリのパフォーマンスが悪化します。ビューで定義したクエリを事前に計算しておくために**マテリアライズドビュー**という機能があります。マテリアライズドビューは、ビューの定義を実行して、その結果を実体化しておくことができますが、

5.Snowflakeの新機能はいくつかのプレビュー段階を経て公開されます。プライベートプレビューと呼ばれるごく一部のユーザーに解放されている状態、パブリックプレビューと呼ばれる全ユーザーに解放されている状態を経て、一般公開になるケースが多いです。

Snowflakeのマテリアライズドビューは単一のテーブルからの抽出クエリのみしか定義できません。複数のテーブルを組み合わせた抽出クエリを実体化しておきたい場合には、動的テーブルを利用します。マテリアライズドビューは更新頻度の高いテーブルに対して作成すると計算コストが高くなるため、更新頻度が1日1回以下程度のテーブルに対して作成することが望ましく、それ以上の頻度で更新される場合はビューまたは動的テーブルを利用するのが望ましいでしょう。マテリアライズドビューはCREATE MATERIALIZED VIEW文で作成することができます。

アカウント・データベース・スキーマ

　テーブルやビューといった個別のリソースは、**スキーマ**（Schema）と呼ばれる名前空間の内部に作成されます。そのため、別のスキーマであれば、同名のテーブルを作成することが可能です。また、スキーマはさらに**データベース**（Database）と呼ばれる名前空間の内部に作成されます。そのさらに上位概念として、**アカウント**（Account）が存在します。単一のSnowflake環境としてはアカウントが最上位の概念であり、アカウント毎にURLが発行され、ユーザーはそのURLを利用してSnowflake環境にアクセスできます。

図2.2: 名前空間の概念図

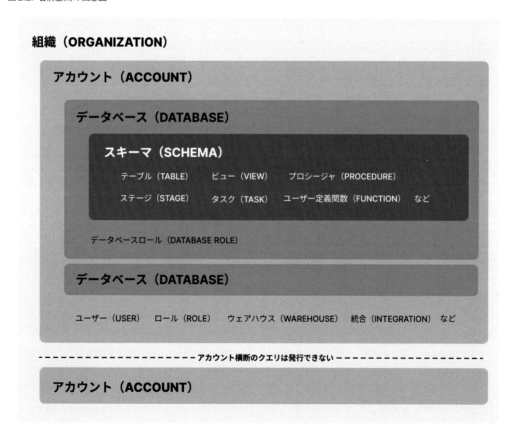

たとえば、データベースSAMPLE_DBのあるスキーマSAMPLE_SCHEMA内に存在

するテーブルSAMPLE_TABLEからデータを抽出したい場合は、SELECT * FROM SAMPLE_DB.SAMPLE_SCHEMA.SAMPLE_TABLEという形式でテーブルを指定します。なお、データベースやスキーマを跨いで複数のテーブルやビューを組み合わせてクエリを記述することが可能なので、データベースやスキーマはあくまでも名前空間の概念であることに注意してください。アカウントを跨いで複数のリソースを参照したクエリはできません。

ストレージ・コンピューティング分離モデル

Snowflakeのデータウェアハウスはコンピューティングとストレージが完全に分離した形式をとっています。つまり、コンピューティングのスケールと、ストレージのスケールは独立に行うことが可能です。従来型のデータウェアハウスの中には、コンピューティングとストレージが分離しておらず、計算処理かストレージサイズが限界に達したら両方を拡張しないといけないものもありました。Snowflakeの場合、ストレージはAmazon S3やGoogle Cloud Storage、Microsoft Azure BLOB Storageなどのクラウドストレージを選択可能であり、これらのストレージは現実的にはほぼ制限なく拡張することができます。一方で、コンピューティングはストレージのサイズに関わらず、計算処理内容に合わせて自由に拡張・縮小ができます。Snowflakeの場合、**ウェアハウス**（Warehouse）と呼ばれる仮想的なコンピューティングノードを利用して計算を行います[6]。ウェアハウスのサイズは2023年10月現在、XSから6XLまでの10段階から選択可能になっています。ウェアハウスは内部的にはAmazon EC2などを利用していますが、起動時に自動的にリソースを確保するため、利用者はその存在を意識することなく必要なタイミングですぐに作成できます。ウェアハウスの作成はCREATE WAREHOUSE文で行います。

課金体系もストレージとコンピューティングを別々に計算して合算します。ウェアハウスは、起動時間に対して課金され、計算が終了したらウェアハウスを終了することで課金額を節約することができます。一度終了したウェアハウスも数秒以内で再起動できるため、ウェアハウスは基本的には使用中のみ立ち上げることを想定しています。クエリの実行と同時に自動で起動し、クエリが終了すると一定時間後に自動でシャットダウンされるため、手動での起動・停止は基本的には不要です。ストレージも利用している量だけ課金され、かつSnowflakeが自動で最適な圧縮アルゴリズムで圧縮して保管してくれるため、無駄のない料金体系になっています。

また、ウェアハウス同士も分離するように設計されており、あるウェアハウスによる処理が他のウェアハウスの処理に影響が及ぼすようなことはありません。これもコンピューティングとストレージが分離していることや、並列性に優れたクラウドストレージを採用していることによって実現しています。Snowflakeの最大の強みは高性能なデータウェアハウジングにありますが、その鍵となる技術については「2.9 Snowflakeの特徴」にて紹介します。

ウェアハウスのコストとパフォーマンス

Snowflakeのウェアハウスは、サイズが一つ大きくなると、割り当てられるCPUやメモリなどのリソースが2倍になります。そして、時間あたりの料金も2倍になります。Snowflakeのウェアハウスは並列性に優れているため、リソー

6.Snowflakeでは、製品全体を指すデータウェアハウスと、計算リソースとしてのウェアハウスという二つの単語が存在します。本書では、「データ」の有無でこの二つを区別します。

スが2倍になると、クエリの処理速度はおおよそ半分に短縮されます。そのため、サイズを上げて料金が2倍になっても、処理時間が半分になるためトータルのコストは変わりません。ただし、ウェアハウスは起動ごとに最低60秒の料金を請求される（それ以上は秒単位）ため、1分以内で終わる処理であれば上記の恩恵は受けられません。また、ウェアハウスは使用後一定時間は起動し続ける（設定で変更可能）ため、その起動コストも含めて最適なサイズに調整すると良いでしょう。

　このように、適切なサイズのウェアハウスを選択することで、トータルのコストを増やすことなく素早くデータを処理できるようになるのが、Snowflakeの便利なところです。

　なお、現在ウェアハウスの種類は2種類存在し、集計処理のための通常のものと、機械学習などのためにメモリを多く搭載したSnowpark Optimizedの2種類が提供されています。Snowparkについては第9章「データアプリケーションと分析」で詳しく解説します。

2.3　ストレージの種類とステージ

　Snowflakeを利用する際、データはどこに保管されるのでしょうか。外部テーブルを除く全てのテーブルについて、配置されたデータはSnowflakeが管理するパブリッククラウドインフラ（AWS, GCP, Azure）内のオブジェクトストレージに配置されています。ユーザーは、アカウントを作成する際に、インフラベンダーとリージョンを選択することができます[7]。

　これらのSnowflakeが管理するストレージにユーザーが直接アクセスすることはできません。また、保存されているデータのファイルフォーマットはSnowflakeの独自フォーマットです。

外部ステージ

　一方で、ユーザーが管理しているストレージからデータをSnowflakeから読み込んだり、Snowflakeからストレージにデータを書き出すことも可能です。Snowflakeからストレージ上のオブジェクトにアクセスする方法として**外部ステージ**が用意されています[8]。

　外部ステージは、Amazon S3やGoogle Cloud Storage、Microsoft Azure BLOB Storageを指定することができます。以下の例のように、参照したいストレージのパス（URL）を指定することで、このURL以下に配置されたオブジェクトを参照することができます。

---

7. 基本的に、自社で利用しているクラウドベンダーとリージョンに合わせて選択すると良いでしょう。

8. Snowflake管理ストレージ内に**内部ステージ**を作成することもできます。例えばローカル環境から直接ファイルをアップロードしたい場合や、一時的なデータの保管場所として利用します。

リスト 2.4: ステージの作成文

```
create stage external_stage_sample
  url='s3://load/files/'
  storage_integration = myint; /*接続認証情報を保存するIntegrationオブジェクト名を指定*/
```

　外部ステージを利用して、ユーザーが管理しているオブジェクトストレージ上のデータをSnowflake
上で利用する方法としては、

・テーブルにデータをロードする
・外部テーブルを利用する

の二つがあります。前者については、COPY INTO <table_name> FROM <stage_name>というSQL
を利用してデータをテーブルに格納することができます。この場合、データは複製されるため、ユー
ザーが管理しているオブジェクトストレージ側のデータのみが書き換えられた場合にはデータのず
れが生じます。そのため、基本的に書き換えでなく、追記のみを行うデータの取り込みで利用する
のが望ましいと言えます。

　一方、後者の場合は、Snowflakeが随時オブジェクトストレージにアクセスしてデータをクエリ
するため、パフォーマンスが低下しますが、データのコピーが発生しません。そのため、頻繁に
データの書き換えが行われるケースではこちらの方法を利用するのが望ましいでしょう。なお、参
照するファイルフォーマット形式によってクエリパフォーマンスに違いがあり、ParquetやAvro、
DeltaLakeなどの列指向のフォーマットを利用することで、高速なクエリが可能になります[9]。

半構造化・非構造化データの参照

　これまでは、構造化データ（CSVなどの表形式のもの）について主に言及してきました。ステー
ジを利用することで、半構造化データ（JSONなどのオブジェクト形式のもの）や非構造化データ
（画像・動画など）をSnowflakeで利用することが可能です。

　まず、半構造化データについては、テーブルにそのままVARIANT型として、データを格納するこ
とが可能です。さらに、このJSONの中身に対してSELECT文で抽出クエリを実行することも可能で
す。以下はVARIANT型で定義されたjsonというカラムからsampleプロパティを抽出します。

---

9. 特に、Apache Icebergとの連携を強化しており、Icebergを外部テーブルとして利用する場合のパフォーマンス改善に取り組んでいることを発表しています。参考：https://
www.snowflake.com/blog/unifying-iceberg-tables/

リスト2.5: 半構造化データの抽出クエリ

```
select json:sample from object_sample;
-- または
select json['sample'] from object_sample;
```

　非構造化データについては、テーブルに格納することはできませんが、以下のようなことが可能です。

・Snowflake上のPythonランタイムから画像を読み込んで、画像処理や解析を行う
・Pre-signed URLを発行して、データにアクセスできるURLを取得する。

　以下の例は、ステージ内の画像ファイルのPre-signed URLを取得するクエリです。このクエリでは、s3://load/files/us/yosemite/half_dome.jpgというパスの画像ファイルのPre-signed URLを取得しています。

リスト2.6: 画像ファイルのPre-signed URLを取得する抽出クエリ

```
select get_presigned_url(@external_stage_sample, 'us/yosemite/half_dome.jpg',
3600);
```

　このクエリ結果を利用して、BIツールやアプリケーション上に画像を表示させることなどが可能になります。ステージをどのユーザーが利用して良いかなどの権限管理も可能なため、ガバナンスを効かせた状態でデータへのアクセスを許可することができます。

バッチとストリーミング

　データをSnowflake上のテーブルに取り込んでいく場合、2つの取り込みパターンを検討します。

・バッチ処理（蓄積されたデータを一括で取り込む）
・ストリーミング処理（生成されたデータを逐次取り込む）

　リアルタイム性を考慮しなくても良い場合には、バッチ処理によって取り込むのがコスト的に最適となります。そのため、データの鮮度が問題とならないケースにおいてはCOPY INTO <table>コマンドを利用してステージからのバルクロードを行います。手動でCOPY INTOを発行する代わりに、ステージ内に新しいファイルが配置されたり更新されたタイミングでCOPY INTO文が発行される**Snowpipe**という機能も利用できます。Snowpipeでは、手動で実行するのと異なり、通常のウェアハウスを起動せず、Snowpipe用のサーバレスコンピューティングを起動します。正しく使うことで、通常のウェアハウスを用いてデータロードするのに比べ、コストを抑えてデータロードを行うことが可能です。

　一方、リアルタイム性やデータの鮮度を考慮する必要がある場合には、ストリーミング処理によっ

て取り込む必要があります。なお、ストリーミング処理は行レベルでの変更を取り込むためのアーキテクチャであり、変更をファイルにまとめてロードすることができる場合はバッチ処理になります。Snowflakeでは、Apache Kafkaを利用した**Snowflake Connector for Kafka**や、**Snowpipe Streaming**という機能を利用して、ストリーミング取り込みを実装できます。なお、ストリーミング取り込みは考慮事項が多いため、本当に必要かどうか検討するようにしてください。

図2.3: バッチとストリームの比較

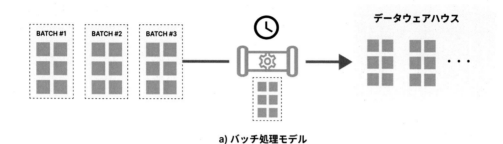

2.4　データパイプラインの構築

　Snowflakeにデータを取り込んだ後、それらのデータを集計したり分析する必要があります。その処理フローのことをデータパイプラインと呼びます。Snowflakeはデータパイプラインを構築するのに役立つ機能を提供しています。

ワークフローエンジン

　データパイプラインを構築するためには、パイプライン全体を管理するワークフローエンジンが必要になります。Snowflakeでは、**タスク**（Task）という機能を利用して、ワークフローを構築することができます。タスクは、事前に定義された任意のSQLを実行するエージェントであり、スケジューリング実行やトリガー実行することが可能です。タスクは、`CREATE TASK`文で作成できます。以下は、毎日9時から17時まで1時間毎に、`sample_table`を書き換えていくタスクの例です。

リスト2.7: タスクの作成文

```
create task sample_task_a
  schedule = 'USING CRON 0 9-17 * * *'
  user_task_managed_initial_warehouse_size = 'XSMALL'
as
insert overwrite into sample_table
select * from base_table
```

　また、あるタスクが完了した後に、別のタスクを呼び出すことができます。以下の例は、sample_task_aが完了した後に、sample_task_bを実行するタスクの例です。

リスト2.8: 後続クエリの作成文

```
create task sample_task_b
  after sample_task_a
as
insert into sample_table_backup
select * from base_table
```

　このように、タスク同士に依存関係を持たせ、有向巡回グラフ（Directed Acyclic Graph; DAG）を構築することで、複雑なワークフローを構築することが可能です。なお、それぞれのタスクは、一つのSQLのみしか実行できないため、複数のSQLを一つのタスクで実行したい場合はストアドプロシージャを利用します。タスクについては、「5.3 データパイプラインワークフローの管理」にて詳しく紹介します。

テーブルの変更検知

　上記のワークフローでは、スケジュール実行によってタスクをトリガーしています。一方で、データに変更があった場合にデータを更新したいユースケースがあります。そのために利用できる機能として、ストリームと動的テーブルがあります。

　ストリーム（Stream）は、テーブルに対して設定することができ、テーブルの変更履歴を保持しているテーブルのようなオブジェクトです。ストリームを定期的に参照することにより、テーブルに変更があったかを検知することができます。これを利用してタスクをトリガーすることが可能です。以下の例では、5分毎にストリームの変更をチェックしてタスクを起動します。ストリームに変更がない場合にはタスクが起動しないため、コストが抑えられます。

リスト2.9: ストリームの利用例

```
/* テーブルに対してストリームを作成する */
create stream sample_stream on table base_table

/* ストリームを5分毎にチェックしてタスクを呼び出すか決める */
create task sample_task_c
```

```
  warehouse = mywh
  schedule = '5 minute'
when
  system$stream_has_data('sample_stream')
as
  insert overwrite into sample_table
  select * from base_table
```

　動的テーブル（Dynamic Table）は、2023年に登場した新機能です。2023年10月現在はパブリックプレビュー中の機能ではありますが、全てのアカウントで利用することができます。動的テーブルは上記のように、ストリームやタスクを作成することなく、データの変更に応じて自動でデータを更新してくれるテーブルオブジェクトです。上記の処理を動的テーブルで書き直すと以下のようになります。

リスト2.10: 動的テーブルの作成文

```
create or replace dynamic table sample_table
  target_lag = '5 minutes'
  warehouse = mywh
as
  select * from base_table;
```

　ご覧の通り、宣言的に記述することが可能になり、直感的に理解しやすくなりました。動的テーブルが利用できるユースケースにおいては、動的テーブルを利用することでシンプルなアーキテクチャになるでしょう。

2.5　SQL以外でのデータ処理

　SnowflakeはSQLで全てのオブジェクトが操作できますが、実際のデータ処理において、SQLだけでは不十分な場合があります。例えば、機械学習のユースケースにおいては、Pythonなどの他の言語を利用したい場合があります。

プロシージャとユーザー定義関数

　Snowflakeでは、**ストアドプロシージャ**（Stored Procedure）または**ユーザー定義関数**（User Defined Function; UDF）を利用して、SQL以外の言語を利用した処理を記述することができます。プロシージャはCREATE PROCEDURE、ユーザー定義関数はCREATE FUNCTIONで作成します。

　プロシージャは、一連の処理を一つのオブジェクトとして定義することができる機能です。プロシージャの中で利用できる言語としては、SQL[10]・Python・JavaScript・Java・Scalaがあります。以下の例は、SQLを利用したプロシージャです。タスクと異なり、複数のSQLを実行することができ

10.SQLを利用したプロシージャは、Snowflake Scripting と呼ばれています。

るところがポイントです。

リスト2.11: プロシージャの作成文

```sql
create or replace procedure sample_proc()
returns varchar not null
language sql
as
begin
  insert overwrite into sample_table select * from base_table;

  insert into sample_table_backup select * from base_table

  return 'Success';
end;
```

　プロシージャはCALL <proc_name>文で呼び出すことが可能です。上記のプロシージャをPython
で記述すると、以下のように記述できます。

リスト2.12: Pythonプロシージャの作成文

```python
create or replace procedure sample_proc()
returns varchar not null
language python
runtime_version = '3.8'
packages = ('snowflake-snowpark-python')
handler = 'run'
as
$$
  def main(session, belonging_to_teams):
    session.sql('insert overwrite into sample_table select * from
base_table').collect()
    session.sql('insert into sample_table_backup select * from
base_table').collect()
    return 'Success'
```

　上記の例では**Snowpark Python**というライブラリを利用して記述しています。このライブラ
リでは上記の例のようにSQLを直接記述して実行することもできますが、SQLビルダーのような機
能も持っています。Snowpark Pythonについては第9章「データアプリケーションと分析」で詳し
く紹介します。

　ユーザー定義関数（UDF）は、SQLの中で利用できる関数を定義する機能です。SUMなどの事前
定義済みの関数と区別するために、ユーザー定義関数と呼ばれています。ユーザー定義関数の中で
利用できる言語は、プロシージャと同様に、SQL・Python・JavaScript・Java・Scalaとなっていま

す。以下はPythonを用いたUDFの作成例です。

リスト2.13: Python UDFの作成文

```
create or replace function addone(a int)
returns int
language python
runtime_version = '3.8'
handler = 'sum'
as
$$
def sum(a):
  return a+1
$$;
```

上記の関数は、クエリ内で利用できます。

リスト2.14: UDFを利用した抽出クエリ

```
select
  addone(user_id)
from users;
```

ユーザー定義関数には、以下のようにいくつかの種類がありますが、やや上級の内容になるため本書では説明しません。興味がある方は公式ドキュメントなどを確認してください。

・ユーザー定義スカラー関数（UDF）
・ユーザー定義表関数（UDTF）
・ベクトル化されたユーザー定義関数（Vectorized UDF）
・ベクトル化されたユーザー定義表関数（Vectorized UDTF）

また、**外部関数**と呼ばれる機能を利用すると、外部APIを呼び出すことが可能です。Amazon API Gateway、Google Cloud API Gateway, Azure API ManagementのAPIをSnowflakeから呼び出すことができます。この機能を利用すれば、上記のランタイム以外の言語を利用することも可能になります。

コンテナ実行環境

また、外部関数の代わりに、現在コンテナ環境をSnowflake内にホスティングできる機能が開発中になっています。**Snowpark Container Service**と呼ばれるこの機能では、Kubernetesベースのコンテナオーケストレーションサービスを利用できます。これにより、Snowflake上でRやRustなど、ユーザーが利用したい言語のプログラムを実行することが可能になります。2022年10月現在

はプライベートプレビュー中の機能ですが、今後のアップデートで一般公開される予定になっています。

2.6　アカウントを跨いだデータ利用

　Snowflakeでは、アカウントを跨いでデータを組み合わせる方法として、以下の二つの方法を提供しています。ユースケースとしては、グループ会社や他社のデータを利用したい場合になります。「世界中のデータをモビライズする」というSnowflakeのビジョンを象徴する機能になっています。

　・データ共有（Data Sharing）
　・データクリーンルーム（Data Clean Room）

　データ共有は、別アカウントに存在するテーブルを、自分のアカウント上に存在するテーブルかのように利用することができる機能です。データ提供元のアカウントでテーブルの中身が更新された場合には、直ちに自社アカウント上のテーブルにもその変更が反映されます。テーブルを許可した他アカウントに向けて公開しているイメージです。これまでAPIやファイルなどでデータを共有していたのに対して、開発工数の削減やリアルタイム性の向上が期待できます。また、Snowflakeマーケットプレイスを利用して、自社のデータを販売したり、他社データを購入することも可能です。

　一方で、**データクリーンルーム**は、データをそのまま共有することが難しい場合に利用する機能です。例えば、企業Aと企業Bの間で、お互いのデータを用いて、顧客分析を行いたい場合を想定してみます。この際、データ共有を用いて、顧客の情報をそのまま共有することは個人情報保護の観点や、企業秘密の観点から難しいでしょう。しかし、データクリーンルームを利用すれば、企業Aと企業Bの顧客データをお互いから見えない環境内で集計処理を実施し、集計済みの結果のみを取得することができます。この仕組みであれば、顧客情報そのものを他社に開示することなく、顧客分析が可能になります。

　データクリーンルームでは、事前に許可されたクエリのみを実行できるようになっており、多くの場合何かしらの集計（GROUP BYなど）クエリのみを許可するように設定しておきます。その許可されたクエリの範囲内で自由に分析を行うことで、データ利活用を阻害することなく、情報を保護することができます。データ共有とデータクリーンルームを組み合わせることによって、柔軟にデータを提供することができるようになります。

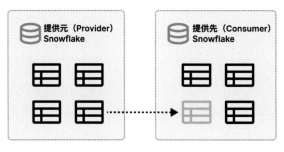

a) データ共有

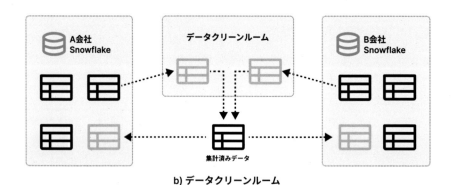

b) データクリーンルーム

2.7　価値のあるデータを届ける

　Snowflakeを利用してデータを蓄積したり、集計することができるようになりましたが、最終的にはデータを価値のある形でユーザーに届ける必要があります。Snowflakeでは、データをユーザーに届ける手段をいくつか提供しています。

・BIツールとの接続
・アプリケーションとの接続
・機械学習モデルの利用

　主要なBIツール群にはSnowflake用のコネクタが用意されており、それらを利用することで、BIツールからSnowflake内のデータを集計して表示することができます。SnowflakeのGUIコンソール（Snowsight）にも、簡易的なBIツールが提供されています。BIツールについては第8章「BIツール」にて紹介します。

　また、アプリケーションとの接続にも注力しています。2021年にM&Aした**Streamlit**というPython製のローコードアプリケーションフレームワークを利用することで、Snowflake内のデータ

を可視化したり、管理することができます。また、**Snowflake Connector for Django**[11]を利用すると、DjangoアプリケーションのバックエンドデータベースとしてSnowflakeを利用できます。この他、GoやPHPのコネクターなどが用意されており、それらの言語からSnowflakeへ簡単に接続することができるようになっています。アプリケーションでの利用については第9章「データアプリケーションと分析」にて紹介します。

また、プロシージャや関数を利用することで、機械学習モデルの学習や推論パイプラインをSnowflake上に構築することが可能です。

2.8　Snowflakeのユースケース例

Snowflakeはデータ基盤のサービスですが、非常に抽象化されており柔軟性を持っているため、様々なユースケースに対応できます。

CDP

Customer Data Platform（CDP）は、顧客の行動履歴や属性情報などを統合して管理するプラットフォームです。顧客の行動履歴や属性情報は、Webサイトやアプリ、POSなど様々なチャネルから蓄積されます。これまでのCDP製品はデータ抽出から集計までをフルパッケージで提供する製品が多く、価格が高かったり、既存のデータ基盤と重複した機能を持っていました。近年は、**Composable CDP**と呼ばれるアーキテクチャが採用される例が増えています。Snowflakeなどのデータウェアハウスをデータの集積・集計基盤として利用し、ETLツールなどでデータ抽出・データアクティベーションを行うことで、従来のCDP製品で行っていたことを実現します。これにより、データやシステムが一元化されますし、自社の要件に合わせて柔軟にツールを入れ替えていくことができます。モダンデータスタックが充実してきたことにより、以前より圧倒的に簡単に構築することが可能になりました。

SIEM

セキュリティ情報イベント管理（Security Information and Event Management; SIEM）システムとしてSnowflakeを利用することができます。システムのログデータなどをニアリアルタイムにSnowflake上に取り込んで、監視することで外部からの攻撃などを検知することができます。Snowflakeは数億行以上の大量のデータに対しても素早くデータ処理可能なため、ログ監査のユースケースにも対応できます。また、半構造化データも簡単に処理できるため、ログデータの加工が容易です。

2.9　Snowflakeの特徴

このように、Snowflakeはさまざまなワークロードに対応するべく、機能を拡張してきました。そ

---

11 .https://github.com/Snowflake-Labs/django-snowflake

れでも、Snowflakeが支持されてきた最も大きな理由は分析クエリのパフォーマンスの高さと扱いやすさです。それを支えているのが、**マイクロパーティション**（Micro Partition）と呼ばれるデータ保管方法です。

マイクロパーティションとは

Snowflake上に保管されているデータは50MB～500MB（圧縮前）単位に分割して保管されています。その分割されたファイルのことをマイクロパーティション[12]と呼びます。他のデータベースのパーティションと異なり、Snowflakeのマイクロパーティションは自動で作成されます。このマイクロパーティションは時間や地理的場所などのカラムに基づいて分割されていることが多いです。

パーティションが細かく分割されていることにより、クエリ実行時にスキャンする必要のあるデータの量を節約することができます。where句などを利用してデータをフィルタしている場合、該当するデータが全く存在しないと分かるパーティションはデータスキャンの対象から除外できます（プルーニング; Pruning）。これにより、クエリパフォーマンスの向上が見込まれます。また、細かくパーティショニングされていることにより、並列処理性能も向上させることができます。

図2.5: マイクロパーティションの概念図

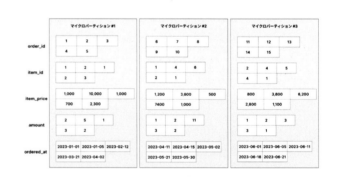

タイムトラベル

さらに、このマイクロパーティションは「不変（Immutable）」です。つまり、一度作成されたマイクロパーティションは上書き変更されることがない、ということです。データを変更する際は、古いマイクロパーティションを参照するのをやめ、新しいマイクロパーティションを作成する、という方法でデータを更新します。これによって実現されるのが「タイムトラベル」という機能になります。

12.https://docs.snowflake.com/ja/user-guide/tables-clustering-micropartitions

この機能は、その名の通り過去のテーブルの状態に戻ることができます。以下のように、AT句を付けることで戻りたい時点のテーブルを参照することができます。

リスト2.15: タイムトラベルを利用した抽出クエリ

```
select * from sample at (timestamp => '2023-05-01T00:00:00'::timestamp)
```

Snowflakeは、指定した時刻においてどのマイクロパーティションが有効であったかの履歴を持っているため、有効だったパーティションのみをスキャン対象とすることで、任意の時刻におけるテーブルの状態を復元できます。そのため、間違えてデータを消してしまったりテーブルを消してしまっても戻すことができます[13]。

ゼロコピークローン

また、あるテーブルをコピーして別テーブルを作成する際には、「ゼロコピークローン（Zero Copy Clone）」と呼ばれるコピー形式が採用されています。テーブルをコピーしてもストレージ自体をコピーしないため、ストレージコストの増大を抑えられます。内部的にはコピー時のマイクロパーティションへの参照情報をコピーしているだけです。これも、マイクロパーティションがイミュータブルであることで実現しています。

ニアゼロメンテナンス

Snowflakeの利点として、ユーザーがほとんどメンテナンス作業を行う必要がないということが挙げられます。マイクロパーティションは自動的に作成されるため、ユーザーは普段パーティションの設定を行う必要はありません。また、各種リソースはすべてSQLを発行することで作成でき、ウェアハウスの起動・停止・拡張も簡単に行えます。ストレージサイズも上限が決まっているわけではないため、拡張のために何かしらの作業を行う必要がありません。Snowflakeのデータウェアハウス自体もダウンタイムなくアップデートされていくため、常に最新状態で利用できます。

また、課金体系も基本的にはウェアハウスの稼働時間に対して請求されるという、直感的に理解しやすいものになっています[14]。

2.10 Snowflakeの人気

データベースの人気度をランキングしているDB-Engines Ranking[15]の2023年10月時点のランキングで、Snowflakeは11位に位置しています。特に、Snowflakeが上場した2020年9月ごろから一気に注目を集めてきました。実際、Snowflakeは2020年のアメリカ市場において、UnityやAirbnbと並び最大のIPO銘柄となり、上場時の時価総額は300億ドル程度に達しています[16]。

---

13. 現在、Snowflake上では最大90日前まで遡れます。遡れる期間はSnowflakeのエディションや設定で異なります。

14. 他の製品の中にはデータスキャン量などで課金されるサービスもあり、意図せずテーブルフルスキャンをしてしまい請求額が過大になることがあります。

15. https://db-engines.com/en/ranking

16. https://japan.zdnet.com/article/35159735/

また、直近の2023年度第四四半期の決算においても、前年同期から50%程度の増収[17]となっています。データウェアハウス市場の拡大の影響もありますが、高い成長率を保っています。

　データ基盤の各種ツールでも、Snowflakeはほぼ間違いなく対応しています。また、新機能をSnowflake向けに最初にローンチする例[18]もあり、データウェアハウス市場でのデファクトスタンダードとしての地位を築いています。

図2.6: データウェアハウス製品の人気度ランキング[19]

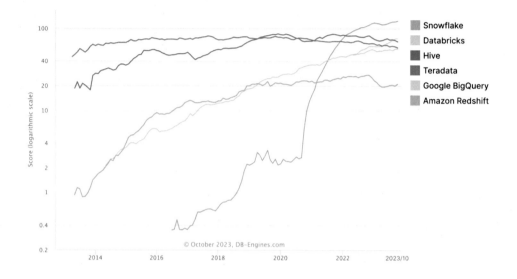

17.https://investors.snowflake.com/news/news-details/2023/Snowflake-Reports-Financial-Results-for-the-Fourth-Quarter-and-Full-Year-of-Fiscal-2023/

18.https://www.getdbt.com/product/semantic-layer/

第3章　Snowflakeの導入と操作

||||||||||||||||||||||||||||||||||||||||||||||||||||||||||||||||||||||||||||||||||||||||||||||||||||||||||||||||

この章では、前章の内容を踏まえて、実際にSnowflakeを利用している様子を体験していきます。まずはSnowflakeのアカウントを作成し、その後にSnowflakeの基本的な操作を体験していきます。

||||||||||||||||||||||||||||||||||||||||||||||||||||||||||||||||||||||||||||||||||||||||||||||||||||||||||||||||

3.1　Snowflakeとともにある生活・導入編

あなたがSnowflakeを導入し、データとともにあることを選んだ場合、以下のような生活があなたを待っています（図3.1）。

- ・日々の生活でデータを取得する
- ・取得したデータを集積する
- ・集積したデータを可視化する
- ・可視化したデータから何か知見を探す
- ・その知見を日々の生活に活かす
- ・最初に戻る

図3.1: データとともにある生活

データを出す　　　　集める　　　　可視化する　　　　知見を得る　　　　活用する

Snowflakeの基本的な機能であるデータウェアハウス機能は、これらのステップのうちデータの集積から可視化までを担ってくれます。可視化については将来的には本書の第8章「BIツール」で紹介するツールの導入を強くオススメしますが、本章ではまずはSnowflakeの機能を使って可視化を体験しましょう。

3.2　Snowflakeの導入

さて、ここからは言葉で語るよりも実際に使ってみたほうがイメージがしやすいと思います。本

章では、データウェアハウスにデータを集積し、集積したデータを抽出し、それらのデータを可視化するところまでをやっていきます。

Snowflakeのアカウント

　最初にSnowflakeの新しいアカウントを作成しましょう。Snowflakeでアカウントを作成するには、まずは以下の2つを決める必要があります。

- ・クラウドベンダーとリージョン
- ・エディション

　Snowflakeは各種パブリッククラウドサービス上にホスティングされる形で提供されるサービスです。ですので、まずはクラウドベンダーとリージョンを選択する必要があります。クラウドベンダーはAzure, AWS, GCPから選ぶことができます。リージョンはその時点でSnowflakeが対応しているリージョンを選択できます[1]。すでに何かしらのサービスを運営していて、そのサービスがクラウド上でホスティングされているのであれば、同じクラウドとリージョンを選ぶのが良いでしょう。
　次にエディションを選択する必要があります。エディションにはスタンダード、エンタープライズ、ビジネスクリティカルの3つがあり、右に行くほど機能が充実する代わりにクエリ時間あたりの料金が高くなります。スタンダードでも基本的な機能をすべて備えています。まずはスタンダードエディションを選び、必要に応じて上のエディションを検討するのが良いでしょう。エンタープライズはスタンダードに加えて、追加でいくつかの機能を使うことができるエディションです。主に以下の機能を必要とする場合にはこのエディションへのアップグレードを検討します。

- ・マテリアライズド・ビュー
- ・マルチクラスターウェアハウス
- ・1日前より過去へのタイムトラベル
- ・ダイナミックデータマスキング及び行レベルアクセスポリシー
- ・検索最適化サービス
- ・Query Acceleration Services

　ビジネスクリティカルはエンタープライズに加えてセキュリティやフェイルオーバーの機能が増え、より堅牢さを要する場合に適しています。

無料トライアルアカウントの作成

　Snowflakeには30日間（もしくは400ドル分のクレジットを使い切るまで）の無料トライアルがあります。それを使って試してみることで大まかな概要を掴むことができます。
　以下のURLからアカウントを作成することで無料トライアルを開始することができます。

1.2023年10月現在、GCPでは日本国内のリージョンを選択できません。

https://signup.snowflake.com/

初めてでどれを選んでいいかわからない場合は、以下の設定をおすすめします。利用理由などその他の選択肢は適宜選択してください。

・エディション: スタンダード
・クラウド: AWS
・リージョン: ap-northeast-1 （東京）

3.3 Snowsight

Snowsightとは

Snowflakeを利用するためのインターフェースのうち、最も基本的なインターフェースが**Snowsight**です。SnowsightはSnowflakeが標準で提供するGUIのWebコンソール画面です。Snowsight上で、運用に必要なすべての操作を行うことが可能です。

この章ではSnowsightをインターフェースとして用いてSnowflakeの基本的な機能に触れていきます。

Snowsightへのログイン

先程アカウントを作成したメールアドレスに、アクティベーション用のリンクとログインURLを含んだメールが届いていると思います（図3.2）。まずはアクティベーション用のリンクをクリックしてアカウントを使えるようにしましょう。

Congratulations on getting started with Snowflake! Click the
button below to activate your account.

CLICK TO ACTIVATE

This activation link is temporary and will expire in 72 hours.

Save this for later
Once you activate your account, you can access it at
https://＿＿＿＿＿＿.snowflakecomputing.com/console/login.

Snowflake | Privacy

You are receiving this message because you signed up for the Snowflake Service. This is an
email notification to update you about important information regarding your Snowflake
account. Please do not reply to this message.

© 2023 Snowflake Inc. All Rights Reserved.
450 Concar Drive, San Mateo, CA, 94402, United States

　ログインURLは後ほど使うので控えておきましょう。以下のようなURLになっていると思います。アカウントのアクティベーション後はこのURLにアクセスすることでログインができます。

https://|locater|.|region|.|cloud provider|.snowflakecomputing.com/console/login[2]

　URLをクリックすると、まずはユーザー名とパスワードを設定する画面がありますので、お好きなものを設定しましょう。このユーザーとパスワードはアカウントの最初のユーザーとして ACCOUNTADMIN のロールが付与された状態で作成されます。ACCOUNTADMIN はアカウント管理者権限であり、アカウントに関するすべての操作ができる非常に強力な権限です。

　ログインするとSnowsightのトップページに行きます（図3.3）。そろそろワクワクしてきましたね！

---

2. 例）https://hb12345.ap-northeast-1.aws.snowflakecomputing.com/console/login

図 3.3: Snowsight トップ画面

3.4 Snowflakeを利用するのに必要な基本的な構成

アカウントの作成とアクティベーションが完了したので、実際にSnowflakeを使っていきましょう。Snowflakeをデータウェアハウスとして利用するためには以下の構成要素を作る必要があります。

- **テーブル**（集積されたデータが格納される場所）
- **ウェアハウス**（SQLを実行するためのリソース）
- **ロール**（上記にアクセスする権限）および、ロールを保有する**ユーザー**

テーブル：データを格納する

まずはSnowflakeにデータを集積する必要があります。データの格納場所に当たるのがテーブルです。テーブルはスキーマ、データベースという上位の階層構造に紐付いて管理されます。

データベース > スキーマ > テーブル

入っているデータの種類や、後々アクセスを許可するメンバーなどを意識してデータベースやスキーマを分割していくことになります。データベースやスキーマについては第2章「Snowflake とは」で説明しています。また、権限管理については第4章「権限管理とガバナンス」で紹介します。

ウェアハウス：SQLを実行するためのリソース

Snowflakeは集計のための処理をするリソースをストレージから分離した構造を取っています。それにより、同一のストレージにアクセスが集中しても、性能が劣化する事態を避けることを可能

にしています。この、集計のための処理をするリソースにあたるものがウェアハウスです。ウェアハウスはアクセスするロール・ユーザーごとに分けていくのが望ましいですが、今回は簡単な例ですのでデフォルトで作成されている COMPUTE_WH というウェアハウスを使います。

上記にアクセスする権限であるロールとロールを扱えるユーザー

　Snowflakeでは格納されているデータそのものだけではなく、コンピュートリソースであるウェアハウスなどすべての要素をロールによって管理しています。これをロールベースアクセスポリシー（Role Based Access Control; RBAC）と言います。そして、ロールを扱う権限をユーザーに付与する形で権限管理が行われます。RBACを利用したアクセス管理については第4章「権限管理とガバナンス」で詳しく解説します。本章では最初に作られているロール及びユーザーを用いて操作を行います。

3.5　Snowflakeへのデータのロード

　さて、いよいよ実際にSnowflakeにデータをロードし、集計処理を行って行きましょう。前述の通り、まずは最初に作ったユーザーと SYSADMIN のロール、及びデフォルトで作成されている COMPUTE_WH を使います。

テーブルの作成

　Snowsight の左のタブからワークシートを開き、ロールとウェアハウスが設定されていることを確認します（図3.4）。

図3.4: ロールとウェアハウスの確認

　確認したら、テーブルを作成します。今回は例として以下のデータを使います。

https://drive.google.com/file/d/1FpTqcQNhFy3YI3LlNOvvr1qa6bbtXMqw/
view?usp=share_link

　これは筆者（Komiyama）の2022年のメンタルの推移を表したデータです[3]。皆様多分似たような
データを取っていらっしゃると思いますので、そちらを使っていただいても構いません。以下のよ
うなCSV形式のデータが入っています。

リスト3.1: mental_score.csv

```
date,score
2022/01/01,4
2022/01/02,6
2022/01/03,5
2022/01/04,4
2022/01/05,5
```

　2つのカラムからなるシンプルなデータです。このデータをSnowflakeに投入していきます。デー
タベース、スキーマ、テーブルの3つを作る必要がありますので、以下のようにワークシートに入
力します。

リスト3.2: テーブルを作成するSQL

```
-- データベースを作成する
create database self_data;

-- スキーマを作成する
create schema self_data.self_management;

-- テーブルを作成する
create table self_data.self_management.mental_score  (date datetime, score
integer);
```

　ワークシートに上記を入力したら、一番上の`create database`の文にカーソルを合わせて`Ctrl +`
`Enter`で実行します。そのまま順番に実行するとテーブルが作られ、左のテーブル一覧をリフレッ
シュすることで確認できます（図3.5）。

図3.5: Snowsightでの実行画面

データのロード

　次に、ローカルにあるCSVファイルをSnowsightからアップロードしてみます。実はこれは2023
年4月に実装された全Snowflakeユーザー待望の機能でした[4]。ここではステージを利用したデータ
ロードを紹介します[5]。
　ワークシートを抜けてSnowsightのトップ画面に戻ります（左上のワークシートボタンをクリッ

4.https://docs.snowflake.com/en/user-guide/data-load-local-file-system-stage-ui
5.2023年10月現在、CSVを指定して直接テーブルを作成することも可能になっています。

クしましょう）。続いて左メニューからDataを選び、先程作成したデータベース（SELF_DATA）、スキーマ（SELF_MANAGEMENT）を選択します。そして、Create > Stage > Snowflake Managed の順で選択します（図3.6）。

図3.6: ステージの作成

「Directory Table」を有効にし、StageName は stage_mental_score とします。ここで作ったステージはローカルからアップロードしたファイルを置く場所に当たります。Snowflake はテーブル以外にステージという形式でデータを格納して置き、参照することができます。左メニューで今作った STAGE_MENTAL_SCORE をクリックし、右上の「+Files」ボタンをクリックして CSV をアップロードします。これでアップロードが完了です（図3.7）。

図 3.7: ステージにファイルを追加

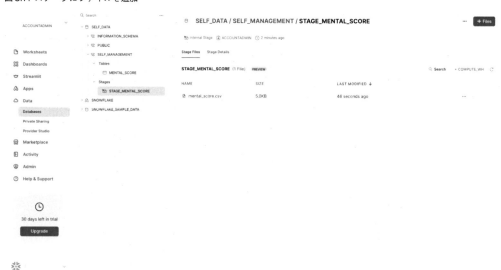

　ステージへの参照を毎回行うとデータ処理のパフォーマンスが低下するため、ステージに置いた
ファイルを最初に作ったテーブルに格納したいと思います。そのためには以下のステップを踏む必
要があります。

・ステージを参照するためにステージにあるファイルのフォーマットを指定する
・SQLでステージを参照した結果をテーブルに移す

　まずはフォーマットを作成します。ワークシートに戻って以下のSQLを実行してください。

リスト 3.3: フォーマットを作成

```
create or replace file format csv_with_header
    type = 'csv'
    field_delimiter = ','
    skip_header = 1
    timestamp_format = 'YYYY/MM/DD'
;
```

　次にこのテーブルを参照した結果をテーブルに移します。以下のように行います。

リスト 3.4: テーブルへのデータインサート

```
insert into self_data.self_management.mental_score
select
    t.$1 as date,
    t.$2 as score
from @stage_mental_score (
```

```
    file_format => 'csv_with_header',
    pattern=>'.*csv'
) t;
```

これで無事にテーブルにデータがロードされました。Snowsightのトップ画面に戻り、Data >
SELF_DATA > SELF_MANAGEMENT > Tables > MENTAL_SCORE とクリックすることで確
認ができます。右側のタブで「Data Preview」をクリックすることで、中身の一部を確認すること
もできます（図3.8）。

図3.8: テーブルの確認

データの参照

データのロードができたので、データを参照してグラフを作ってみましょう。ワークシートで以
下のSQLを実行してください。

リスト3.5: mental_score テーブルからデータの抽出

```
select
    date,
    score
from self_data.self_management.mental_score
order by date
;
```

クエリ結果がテーブル形式が表示される右下の画面に注目してください。「Chart」と書いてある
タブがあるのがわかると思います。このタブを選択すると、グラフが表示されます。右下にグラフ
の表示設定があり、表示を変えることができます（図3.9）。

図 3.9: チャートの表示

　こうして、ロードしたデータを参照し、グラフとして表示することができました。こうしてみると、5月と10月付近で少しテンションが落ち、年末にかけて良いことがあった一年だったようですね。そうですね。心当たりはあります。

3.6　データシェアリングの利用

　Snowflakeの大きな特徴の一つがデータコラボレーションに関する機能が充実していることです。これらを活用することにより、ユーザーは自分自身が用意したデータだけではなく、自分以外の方々が作成したデータを合わせて活用することができます。本章では、アカウント間でデータを共有できるデータシェアリングの利用例を紹介します。

マーケットプレイス

　マーケットプレイスはサードパーティが公開しているデータを取得できる機能です。無料・有料問わず様々なデータが公開されており、簡単に入手することができます。特定の機関から公開されているオープンデータなどもこのマーケットプレイスに公開されていることがあります。ボタンを押すだけでデータを取得できるため、自分自身の労力を払うことなく入手できるようになります。

ダイレクト共有

　マーケットプレイスの他に、特定のユーザー間でデータを共有するダイレクト共有（Direct Share）という機能もあります。マーケットプレイスと合わせて利用することで、自身が活用できるデータを増やしてより良いデータ分析を行うことができます。

　最近ではSaaSを提供している企業などが自社のデータをダイレクト共有で共有していることもあ

ります[6]。かつてはコンソールやAPIへのアクセスなどが必要だったSaaSからのデータ取得が驚くほど簡単に実現できるようになりました。

リーダーアカウント

　Snowflakeを利用していないユーザーとデータを共有したい場合には、リーダーアカウント（Reader Account）という機能を利用することができます。リーダーアカウントは、自分のアカウント内に読み取り専用のアカウントを設置することができる機能です。作成したリーダーアカウントを他のユーザーに渡すことで、Snowflakeを利用していないユーザーにもデータを共有することができます。リーダーアカウントの利用料金は、自分のアカウントに課金されます。

マーケットプレイスでデータを取得する

　さて、ここからがSnowflakeでのデータ分析の面白いところです。自分のデータとマーケットプレイスに公開されているデータを組み合わせてさらなる分析を行いましょう。

　今回の例では、自分自身が持っているデータと天気のデータを組み合わせて自分自身の調子の推移が天候と相関があるのかを分析してみます。自分の調子がどのようなデータと相関があるのかがわかれば、過ごしやすい人生を送ることができそうです。天気のデータはマーケットプレイスで無料で公開されています（図3.10）[7]。

図3.10: マーケットプレイスでデータを探す

　このデータを取得するには、まずはリクエストを送信する必要があります。必要な情報を入力してリクエストを送信したら、承認されるのを気長に待ちましょう。数日くらいはかかりますので、

---

6. 例えば、HubSpotやSalesforce、Brazeなどから自社データを入手できます。

7. https://app.snowflake.com/marketplace/listing/GZT2Z25AVC/truestar-inc-prepper-open-data-bank-japanese-point-polyline-data?search=PODB。説明には気象データが含まれていることが記載されていませんが、ここから利用できます。

積んでいたゲームなどをプレイしながら待ちましょう。無事に承認されるとメールが届きます（図3.11）。

図3.11: リクエスト承認画面

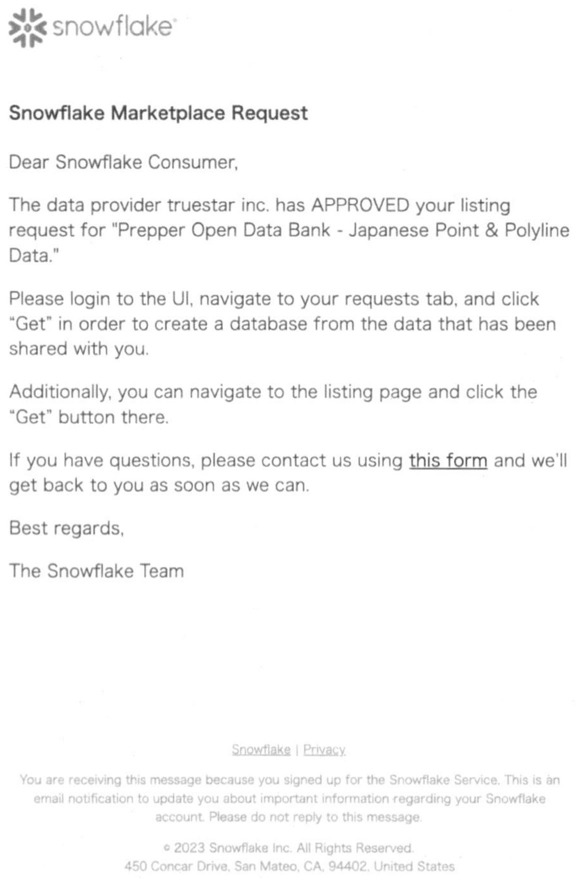

snowflake

Snowflake Marketplace Request

Dear Snowflake Consumer,

The data provider truestar inc. has APPROVED your listing request for "Prepper Open Data Bank - Japanese Point & Polyline Data."

Please login to the UI, navigate to your requests tab, and click "Get" in order to create a database from the data that has been shared with you.

Additionally, you can navigate to the listing page and click the "Get" button there.

If you have questions, please contact us using this form and we'll get back to you as soon as we can.

Best regards,

The Snowflake Team

Snowflake | Privacy

You are receiving this message because you signed up for the Snowflake Service. This is an email notification to update you about important information regarding your Snowflake account. Please do not reply to this message.

© 2023 Snowflake Inc. All Rights Reserved.
450 Concar Drive, San Mateo, CA, 94402, United States

メールが届いていると同時に、マーケットプレイスの画面でも承認済みの一覧に移動しています。改めてSnowsightのマーケットプレイスの画面に移動し、「My Requests」の一覧から承認されたリクエストを確認して「Get」をクリックしましょう。このとき、データベース名を変更して取得することも可能です。

Snowsightのトップに戻りデータを選択すると、無事にデータベース一覧に先程Getしたデータベースが追加されています。

図 3.12: PODB のデータをリクエストする

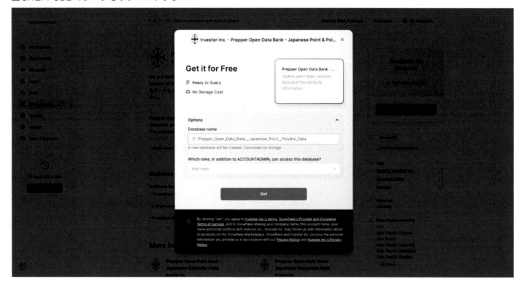

図 3.13: PODB のデータがアカウントに追加されている

これでマーケットプレイスからのデータの取得が完了しました。ね、簡単でしょ？

マーケットプレイスで取得したデータを自分のデータと組み合わせる

今回は気圧の変化と自分の調子の変化の相関があるかを見てみましょう。先程の自分の調子と同じく、気圧のデータをグラフにしてみます。以下のSQLをワークシートに貼り付けてみましょう。（`block_code=47670`は横浜です。）

リスト3.6: 気圧のデータを抽出

```
select
    date,
    air_pressure
from
    prepper_open_data_bank__japanese_point__polyline_data.e_podb.jma_meteorologi
cal_daily
where
    pref_name = '神奈川県'
    and
    block_code = 47670
    and
    date between '2022-01-01' and '2022-12-31'
order by
    date asc;
```

　無事に横浜市の2022年の日付と気圧を取得できましたね。今回は自分の調子が横浜市の気圧と相関があるかを調べたいので、両方のデータを並べられるようなSQLにしましょう。

リスト3.7: 自分の調子と気圧のデータを結合

```
with
air_pressure_data as (
    select
        date,
        air_pressure
    from
        prepper_open_data_bank__japanese_point__polyline_data.e_podb.jma_meteoro
logical_daily
    where
        pref_name = '神奈川県'
        and block_code = 47670
        and date between '2022-01-01' and '2022-12-31'
)

select
    ms.date,
    ap.air_pressure,
    ms.score
from
    self_data.self_management.mental_score ms
    left join
```

```
    air_pressure_data ap
        on date(ms.date) = ap.date
order by
    date asc;
;
```

このSQLを実行すると、横浜の気圧と調子のデータを並べて取得することができます。図3.14のようになっていればOKです。

図3.14: 結合結果

今回は2つのデータの間の相関を調べたいので、散布図（Scatter）が適しています。以下の操作を行いましょう。

- 「Chart Type」を「Scatter」にする
- 「Data」をscoreとair_pressureにし、どちらも「Bucketing」を「none」にする

無事に散布図ができました（図3.15）！残念ながら、自分の調子と天気のデータはあまり関連性を見いだせませんでした。よく考えたらリモートワークかつインドア趣味なので、天気の影響は受けにくい人間でした。

しかし、それでよいのです。データ分析はこのように、関連性があるかもしれないものを調べていく中で、どこかで気づきを得られればよいのですから。

以上がSnowflakeにデータを集積し、抽出し、可視化するという、Snowflakeの基礎となる機能の実例になります。

図 3.15: 作成した散布図

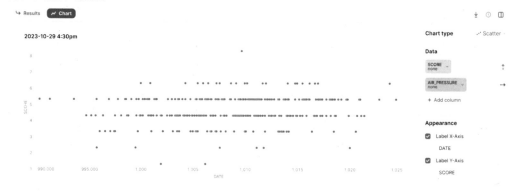

3.7　Snowsight以外のインターフェース

Snowflakeでは Snowsight以外にも様々なインターフェースが提供されています。この章では Snowsightでの操作を主に解説しましたが、その他のインターフェースについても紹介しておきます。

SnowSQL

SnowSQL[8]はCLIのインターフェースです。CLIでSnowflakeに接続し、DDLやDMLを実行することができます。

Classic Console

Classic ConsoleはSnowsightが提供される以前に使用されていたGUIのインターフェースです。2023年4月にSnowsight上でユーザーのローカルのファイルをアップロードする機能が提供されたことで、ユーザーがよく行うすべての操作をSnowsightでできるようになったため、役割を終えつつあります。今後新しくSnowflakeを使う方はSnowsightを使うことをオススメします。

SQLクライアント及びエディタからのアクセス

Snowflakeは SQLクライアントやエディタから、JDBCやODBCドライバーを用いてアクセスが可能です。また、VSCode用の拡張機能も提供されているので、VSCodeにSQLを記述して直接アクセスすることもできます。JetBrains系のエディタの場合は、データベース接続機能を使って接続できます。

プログラミング言語からのアクセス

PythonやNode.jsなどのいくつかの言語はSnowflakeにアクセスするためのネイティブクライアントが提供されています。提供されているネイティブクライアントはドキュメントを確認してくだ

8.https://docs.snowflake.com/ja/user-guide/snowsql-install-config

さい[9]。このページにないプログラミング言語からのアクセスではODBC/JDBCドライバー経由でのアクセスを行うことで実装が可能です。

REST APIを用いたアクセス

ネイティブクライアントを用いたアクセスの他にSnowflakeではREST APIを用いてSQLを実行することが可能です[10]。

3.8 SnowflakeのSQLにおける注意点

Snowflakeは、ANSI SQLに準拠した標準的なSQL構文を採用しています。しかし、SnowflakeのSQLにはいくつかの注意すべきポイントが存在します。

ケースセンシティブ

Snowflakeでは、各種リソースの命名はケースセンシティブに評価されます。つまり、「SAMPLE」と「sample」というテーブルが同時に存在することができるというわけです。もちろん、「Sample」も存在できます。

では、これらのケースセンシティブをSQL上ではどのように区別するのでしょうか？Snowflakeでは、ケースセンシティブに評価したい場合にはダブルクォーテーションでリソース名を囲みます。つまり、sampleテーブルにアクセスしたい場合は、以下のようなSQLを記述します。

リスト3.8: sample テーブルの参照

```
select * from "sample";
```

ダブルクォーテーションを省略して記述した場合、大文字として見なされるため、SAMPLEテーブルを参照しようとします。

リスト3.9: SAMPLE テーブルの参照

```
select * from "SAMPLE";
-- または
select * from sample;
-- または
select * from SAMPLE;
-- 全部大文字でも良い
SELECT * FROM SAMPLE;
```

これらは他のリソースでも同様のルールが適用されます。SQLを書いて、「オブジェクトが見つからない」というエラーが出る場合は、まずケースセンシティブを確認してみてください。

9.https://docs.snowflake.com/ja/user-guide/ecosystem-lang

10.https://docs.snowflake.com/ja/developer-guide/sql-api/index

文字列リテラル

　Snowflakeでは、文字列リテラルはシングルクォーテーションで表現します。ダブルクォーテーションは使えないので注意してください。逆に、テーブルなどのリソースを指定する際にシングルクォーテーションで囲むこともできないため注意が必要です。

リスト3.10: 文字列リテラルを利用した挿入文

```
insert into sample values ('sample')
-- 以下は動かないので注意
insert into sample values ("sample")
```

3.9　まとめ

　本章では、Snowflakeの基本的な操作をチュートリアル形式で紹介しました。より詳しく知りたい場合は、以下の公式チュートリアルを参考にしてください。

・Snowflake チュートリアル[11]

11.https://docs.snowflake.com/ja/learn-tutorials

第4章　権限管理とガバナンス

|||||||||||||||||||||||||||||||||||||||||||||||||||||||||||||||||||||||||||||||||||||||||||||||||||||||||||||||||||||

本章からは、Snowflakeを用いた実践的なデータ基盤の構築方法について解説していきます。本章では、Snowflakeにおけるロールの概念および、権限管理およびガバナンスのプラクティスについて紹介します。

|||||||||||||||||||||||||||||||||||||||||||||||||||||||||||||||||||||||||||||||||||||||||||||||||||||||||||||||||||||

4.1　Snowflakeにおけるアクセス制御

　データウェアハウスは、様々な役職やシステムによって利用されるプラットフォームです。システムが安全にデータウェアハウスを利用し、ユーザーが安心してデータを利用できる環境を整えるために、権限管理やアクセス制御をしっかり行うことが必要です。例えば、以下のような場合に、権限管理が必要になるでしょう。

・メンバーの役職や部署によって、アクセス可能なデータが異なる
・システムからのアクセス時に許可する操作に制限をかける
・ワークロードごとの費用を可視化するために、使用できるウェアハウスを制限する

　Snowflakeでは、**ロール**（Role）に権限が集約されています[1]。ロールに対して、許可するアクションを指定し、ロールを**ユーザー**（User）に付与することにより、ユーザーに操作を許可します。ブラックリスト形式で権限管理することはできません。なお、ロールに基づいて権限を管理する方式を**ロールベースアクセスコントロール**（Role Based Access Control; RBAC）と呼びます。

ロールに付与できる権限

　Snowflakeでは、全てのオブジェクトの権限を、任意のロールに付与することができます。付与できる権限は以下のようなレベルに大別することができます。

・アカウントレベル権限（グローバル権限）
・データベースレベル権限
・スキーマレベル権限
・スキーマオブジェクトレベル権限

---

1. 厳密にはこの表現は誤解を招くでしょう。Snowflakeの権限設計は、任意アクセス制御（Discretionary Access Control; DAC）およびRBACを組み合わせて実現されています。詳細は https://docs.snowflake.com/ja/user-guide/security-access-control-overview を参照してください。

アカウントレベル権限は、アカウント全体に対して適用される権限です。例えば、データベースを作成する権限（CREATE DATABASE）は、特定のデータベースやスキーマに依存しない権限のため、アカウントレベルの権限になります。アカウントレベルの権限には、例えば以下のようなものがあります。

・データベースの作成権限（CREATE DATABASE）
・ウェアハウスの作成・利用権限（CREATE WAREHOUSE）
・ロールの作成権限（CREATE ROLE）
・タスクの実行権限（EXECUTE TASK）

　これ以外にも多くのアカウントレベル権限があり、必要に応じてロールに付与することができます[2]。ただし、一般的にアカウントレベル権限を多くのロールに付与すると全体のガバナンスが低下しやすいため、注意が必要です。
　アカウントレベルの権限をロールに付与する場合には、以下のような構文を使います。

リスト4.1: アカウントレベル権限の付与

```
grant <account_lv_privilege> on account to role <role_name>;
-- 例
grant create database on account to role analyst;
```

　データベースレベル権限は、データベースに対して適用される権限です。単一のデータベースを利用する権限（USAGE DATABASE）や、スキーマを作成する権限（CREATE SCHEMA）などがあります。データベースレベルの権限には、例えば以下のようなものがあります。

・データベースの利用権限（USAGE DATABASE）
・スキーマの作成権限（CREATE SCHEMA）

　データベースレベルの権限をロールに付与する場合には、以下のような構文を使います。

リスト4.2: データベースレベル権限の付与

```
grant <database_lv_privilege> on database <database_name> to role <role_name>;
-- 例
grant usage on database sample_db to role analyst;
```

　なお、データベースレベル権限は、アカウントオブジェクト権限の一つです。アカウントオブジェクトは、アカウントに直接属するオブジェクトのことで、データベースの他に、ユーザーやウェアハウス、リソースモニターなどがあります。これらのオブジェクトに対する権限付与は、データベースレベル権限と同じ構文を使います。

2.https://docs.snowflake.com/ja/user-guide/security-access-control-privileges#global-privileges に一覧表があります。

```
grant usage on warehouse sample_wrh to role analyst;
```

スキーマレベル権限は、スキーマに対して適用される権限です。スキーマ内のテーブルを作成する権限（CREATE TABLE）や、ステージの作成権限（CREATE STAGE）などがあります。スキーマレベルの権限には、他に以下のようなものがあります。

・スキーマの設定変更権限（MODIFY SCHEMA）
・プロシージャの作成権限（CREATE PROCEDURE）

スキーマレベルの権限をロールに付与する場合には、以下のような構文を使います。

リスト4.4: スキーマレベル権限の付与

```
grant <schema_lv_privilege> on schema <schema_name> to role <role_name>;
-- 例
grant create table on schema sample_db.sample_schema to role analyst;
```

スキーマオブジェクトレベル権限は、スキーマ内のオブジェクトに対して適用される権限です。スキーマオブジェクトは、スキーマに属するオブジェクトのことで、テーブルやビュー、プロシージャなど、Snowflakeを利用する上で必要な多くのオブジェクトがこれに該当します。例えば、以下のような権限が該当します。

・テーブルの参照・更新・データ削除権限（SELECT, INSERT, DELETE TABLE）
・ステージの利用権限（USAGE STAGE）
・関数の利用権限（USAGE FUNCTION）
・タスクの実行権限（OPERATE TASK）

スキーマオブジェクトに対する権限をロールに付与する場合には、以下のような構文を使います。

リスト4.5: スキーマオブジェクトに対する権限付与

```
grant <schema_object_lv_privilege> on <schema_object_type> <schema_object_name>
to role <role_name>;
-- 例
grant select on table sample_db.sample_schema.sample_table to role analyst;
```

権限管理は非常に複雑なのですが、各オブジェクトがどのレベルに属するオブジェクトであるかを理解することが、権限設定の助けになります。なお、オブジェクト自体の削除（DROP TABLEなど）は、基本的にそのオブジェクトの**所有者**（OWNERSHIP）であるロールでのみ実行できます。

　Snowflakeのロールを利用する上では、いくつかの注意が必要になります。ここからは、注意すべき概念や挙動について紹介します。

ロールツリー

図4.1: ロールの階層構造

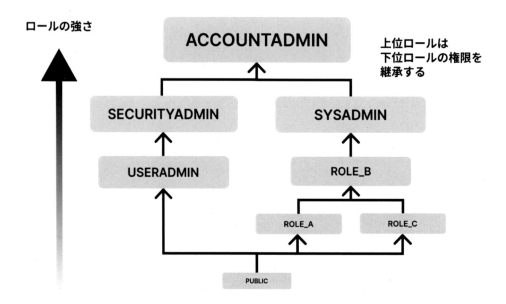

　Snowflakeでは、階層型のロール権限を作成することができます[3]。例えば、ロールAを利用する権限をロールBに付与することができます。これにより、ロールBはロールAの保有するOWNERSHIPを除く全ての権限を利用することができます。ACCOUNTADMINロールを最上位として、ロール同士の上下関係を設定できるようになるため、ツリー上の階層構造ができます。Snowsightのロー

3.https://docs.snowflake.com/ja/user-guide/security-access-control-overview#role-hierarchy-and-privilege-inheritance

ル管理画面（Admin -> Users & Roles -> Roles）では、このロールツリーをビジュアライズしてくれています。

注意点としては、ロールAにのみ付与したい権限があったとしても、ロールBにロールAが付与されていた場合、ロールBにも同じ権限が付与されてしまう点です。これにより、意図せずに権限を付与してしまうことが起こります。ロール設計を正しく行うことで、このような事故を防ぎやすくなります。ロール設計におけるプラクティスは「4.3 役割ロール・アクセスロールモデル」にて紹介します。

将来の付与

現在存在していないが、将来的に作成されるオブジェクトに対して権限を付与することができます。これを**将来の付与**（Future Grant）と呼びます。例えば、あるスキーマに将来的に作成されるテーブルに対しての参照権限を付与することなどが可能になります。将来の付与は、以下のような構文を使います。

リスト 4.6: 将来の付与

```
grant select on future tables in schema <schema_name> to role <role_name>;
-- 例
grant select on future tables in schema sample_db.sample_schema to role analyst;
```

将来の付与をうまく利用することにより、オブジェクトを作成するたびに権限を付与する必要がなくなります。

注意点としては、データベースレベルの将来の付与と、スキーマレベルの将来の付与が混在している場合、データベースレベルの将来の付与が無視されることがあります[4]。例えば、以下の二つの将来の付与を行った場合、一行目の権限は無視されてしまいます。

リスト 4.7: 将来の付与が無視されるケース

```
grant select on future tables in database sample_db to role developer;
/* 以下のSQLを実行すると、上のSQLで付与した権限は無視される */
grant select on future tables in schema sample_db.sample_schema to role analyst;
```

同一のオブジェクト型に対して、データベース全体への将来の付与と、そのデータベース内の個別スキーマへの将来の付与が存在すると、別々のロールに付与していても、データベース全体の将来の付与は無視されます。SQL自体は成功するので、一見成功しているように見えますが、実際には付与されていないため注意が必要です。そのため、将来の付与は、基本的にスキーマ単位で設定するようにすると良いでしょう。

セカンダリーロール

場合により、複数のロールの持つ権限を組み合わせてクエリを実行したい場合が存在します。例

4.https://docs.snowflake.com/ja/user-guide/security-access-control-configure#considerations

えば、データベースAと、データベースBの中のデータを組み合わせた抽出クエリを実行したい場合を考えてみます。この時、データベースAへのアクセス権限を持つロールAと、データベースBへのアクセス権限を持つロールBのみがある場合に、どちらかのロールのみではクエリすることができません。**セカンダリーロール**（Secondary Role）[5]を利用することで、複数のロールの権限を組み合わせて権限を集約させることができるため、このような場合に利用することができます。各セッションにおいて、1つのプライマリーロールと任意の数のセカンダリーロールを設定できます。セカンダリーロールを設定するには、USE SECONDARY ROLEコマンドを利用します。

セカンダリーロールを利用することで必要なロール数が減らせるため、便利そうな機能に見えますが、データセキュリティ面で深刻な問題を引き起こす可能性があります。例えば、データベースAとデータベースBのデータを組み合わせて分析することを禁止することを意図してロールを設計していた場合でも、セカンダリーロールを利用することでこの制限を回避することができてしまいます。そのため、セカンダリーロールを利用する場合は、慎重に検討する必要があります。

4.2 実例

ロールに対して権限が付与されており、そのロールを付与されているユーザーがその権限を利用することができます。図4.2のように、権限の強いユーザーはより強いロールを持つことで、より多くのデータにアクセスできます。

図4.2: RBACの概念図

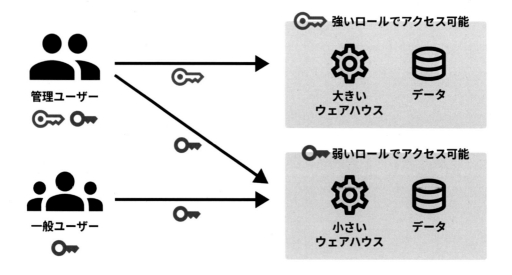

第3章「Snowflakeの導入と操作」で作ったSnowflakeアカウントを別のメンバーと共用で使用する場面を考えてみてください。第3章「Snowflakeの導入と操作」で分析したデータは自分自身の情

5.https://docs.snowflake.com/ja/user-guide/security-access-control-overview#enforcement-model-the-primary-role-and-secondary-roles

報であり、このアカウントにアクセスできるユーザーすべてがアクセスできることは好ましくありません。企業でデータウェアハウスとしてSnowflakeを利用する場合も同様に、各データにアクセスできるユーザーは厳密に設定する必要があるはずです。Snowflakeではテーブル単位はもちろん、行レベルでアクセスするユーザーを制御することも可能です。本章では最も基本となるテーブル単位でのアクセス制御のやり方について順番に解説していきます。

　今回の場合、SELF_DATAは自分の個人的な情報ですので、自分だけが参照できるデータベースにしていきたいところです。管理者である自分以外の方のユーザーとロールを作成し、そのユーザーはあなた専用のデータベースであるSELF_DATAにはアクセスできないという権限にします。

　さて、実際にユーザーを作成して権限を整理していきましょう。

　まずはロールとユーザーを作成します。ROLE_V2というロールを作成し、USER_V2というユーザーにそのロールの権限を付与します。またROLE_V2にCOMPUTE_WHを使う権限も付与しましょう。ワークシートを開き、以下のSQLを実行します。PASSWORDについては適当に変更してください。

リスト4.8: ロールを作成しユーザーにアタッチする

```
create role role_v2;
create user user_v2 password = 'q4ls6f3q' default_role = role_v2;
grant role role_v2 to user user_v2;
grant usage on warehouse compute_wh to role role_v2;
```

　このロールは作りたてですので、まだどのテーブルにもアクセスできない状態です。誰でもアクセスしてよい気圧のデータへのアクセスの権限を与えましょう。

　Snowsightにて左メニューのデータのタブを選び、PREPPER_OPEN_DATA_BANKのデータベースをクリックします。右下の「+Privilege」をクリックし、ROLE_V2にIMPORTED PRIVILEGESの権限を付与します（図4.3）。

図4.3: 権限を追加

ここで、正しく権限が付与されたことを確認するため、一度ログインして今回作成したユーザーでログインし直してみましょう（図4.4）。

図4.4:USER_V2のコンソール画面

　USER_V2からはSELF_DATAのデータベースは表示されず、PREPPER_OPEN_DATA_BANKのデータのみが表示されることが確認できました。もちろんUSER_V2からは見えないだけではなく、SQLでのselectなどもできません。これがSnowflakeでの基本的な権限管理になります。

4.3　役割ロール・アクセスロールモデル

　さて、後々になって利用者がさらに増え、ツールからのアクセスなども発生するようになり、アカウントの利用状況がより複雑になった場合には、ロールがその分増えていくことになります。この場合しっかりと権限を管理しないと誰も実態を把握できなくなるため、非常に厄介なことになります。RBACをもとにした権限管理の方法は様々であり決まった正解があるわけではありませんが、役割ロール・アクセスロールモデル（図4.5）を採用することで、権限管理が簡単になります。

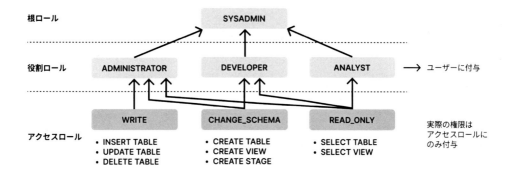

役割ロール（Functional Role）とは、現実世界の役職や部署・権限に対応するロールです。例えば、開発者向けにDEVELOPERというロールを付与します。また、マーケティングチームの分析者向けにMARKETING_ANALYSTというロールがあっても良いでしょう。

一方、アクセスロール（Access Role）とは、実際のデータベースやテーブルなど、Snowflake各種リソースへのアクセス権限を保持しているロールです。権限のセットを束ねたロールと考えることができます。例えば、DATABASE_Aへのフルアクセスを許可するDATABASE_A_FULLACCESSというロールには、データベース内での各種リソースの作成や、変更などが許可されています。一方、参照権限のみを保持しているDATABASE_A_READONLYというロールは、データベース内の各種リソースの参照権限のみを保持しています。

そして、役割ロールに対してアクセスロールを付与することにより、実際のユーザーに対しての権限管理を実現します。DEVELOPERロールには、DATABASE_A_FULLACCESSロールを付与することで、開発者が自由にDATABASE_Aを操作可能になります。一方、MARKETING_ANALYSTロールには、DATABASE_A_READONLYロールを付与することで、DATABASE_Aのデータを参照することが可能になります。

役割ロールに直接リソースへのアクセス権限を付与したらどうなるでしょうか。以下のようなデメリットが考えられます。

・役職ロールに対して、実際にどのような権限が付与されているかが分かりにくくなる。
・付与する権限を変更したい場合に、多くのGRANT/REVOKE文を発行する必要が生じる可能性がある。
・新たな役職ロールを作成する場合に、多くのGRANT文を発行する必要が生じる可能性がある。

アクセスロールを作成し、実際のアクセス制御を役職ロールと切り離すことにより、上記のデメリットが軽減されます。

なお、役職ロールやアクセスロールごとに、ロールツリーを作成したくなるかもしれません。例えば、CTOロールはDEVELOPERロールより上位権限のため、ロールツリーとして表現したくなると思います。しかし、このようなロールツリーは意図しない権限付与・剥奪を引き起こす可能性があ

ります。例えば、DEVELOPERロールからDATABASE_A_FULLACCESSを外し、DATABASE_A_READONLYを付与したとします。権限ロールでは、下位ロールの持つ権限を上位ロールも保持（継承）することになるため、CTOロールにもDATABASE_A_READONLYが継承されてしまいます。もしCTOロールには、DATABASE_Aのフルアクセスを許可したままにしておきたかったとしたら、どうでしょうか。このような事態が起こりやすいため、ロールツリーは役職ロール・アクセスロールの2階層に止めておくことが推奨されます。

4.4　高度なガバナンス管理

Snowflakeでは、より高度にガバナンス管理を行うための様々な機能が存在します。このセクションではそれらの機能の中から、重要なものに絞って紹介します。

データに対する高度なアクセス制御

Snowflakeでは、テーブルやビューに対して、単純な参照権限よりも細かくアクセス制御を行うことが可能です。マスキングポリシーと行アクセスポリシーの2つがあります。

マスキングポリシー（Masking Policy）[6]とは、抽出クエリを実行するロールによって、列の値をマスキングする機能です。この機能はメールアドレスや電話番号のような個人情報が入っている特定の列へのアクセスだけを制限したい場合に役に立ちます。ロールによって、ポリシーをどのように適用するかを設定することができます。マスキングの掛け方にはいくつかの種類があり、**ダイナミックデータマスキング**（Dynamic Data Masking）、**外部トークン化**（External Tokenization）、**タグベースマスキング**（Tag Based Masking）から選択が可能です。

Snowflakeでは行レベルでのアクセス制御も可能です。**行アクセスポリシー**（Row Access Policy）を利用して、ロールによって表示する行を制限することができます。例えば、すべての部署のデータが入っているテーブルから自分に関連する部署のデータだけを取得する、という場合に有用です。

これらの列単位と行単位でのアクセス制限により、関係者の権限にあわせて**セキュアビュー**（Secure View）[7]を作成するような煩雑な作業が不要になります。

上記で紹介した機能はスタンダートエディションでは利用できず、エンタープライズ以上のエディションで利用可能な機能です。

管理アクセススキーマ

Snowflakeでは、デフォルトでは、オブジェクトの所有者が自由に他のロールに権限を付与できます。これにより、中央管理者が意図しない形で権限が付与されてしまう可能性があります。スキーマのMANAGE ACCESSオプションを有効化し、**管理アクセススキーマ**（Managed Access Schema）とすることで、スキーマの所有者以外はスキーマ配下のオブジェクトの権限を付与できないようにすることができます。スキーマの所有者とスキーマオブジェクト（テーブルなど）の所有者が異なっ

6.https://docs.snowflake.com/ja/user-guide/security-column-intro
7.Snowflakeでは、ビューの定義が参照できず内部のデータが露出しないビューとして、セキュアビューという機能を備えています。データシェアリングなどでよく利用します。

ていた場合、スキーマの所有者だけ[8]が権限付与することができます。

データベースロール

　これまで紹介してきたロールは、厳密には**アカウントロール**と呼ばれる、アカウントレベルのオブジェクトでした。一方で、**データベースロール**（Database Role）と呼ばれる、いわばデータベースレベルのオブジェクトであるロールが存在します[9]。データベースロールは特定のデータベース内の権限しか付与できないため、データベースを跨いだ権限付与を防ぐことが可能です。なお、データベースロールは、Snowsight上のロールツリーにも表示されず、USE ROLEで切り替えることもできません。そのため、アクセスロールとして利用するのが良く、役割ロールには利用しないようにすると良いでしょう。

4.5　コストの管理と最適化

　データ基盤のガバナンスを考える上で、コストに関する考慮も重要になります。このセクションでは、Snowflakeにおけるコスト管理の仕方と、コストの最適化に利用できるテクニックや機能について紹介します。

コストのモニタリング

　データ基盤のガバナンスの中で、最もビジネスに悪影響を与えかねないのが、意図しない使用量の増加です。Snowflakeの場合、ウェアハウスの起動時間に対して課金されるため、ウェアハウスの設定ミスやクエリの内容や頻度によっては、高額な利用料金が課金されることがあります。このような悲しい事故を防止するために、**リソースモニター**（Resource Monitor）を利用することができます。

　リソースモニターでは、ウェアハウスが規定の使用量を超えた場合に、アラートを送ったりウェアハウスの使用を停止したりすることができます。アカウント全体の使用量や、複数のウェアハウス、単一のウェアハウスの使用量など、様々なレベルでの監視が可能です。

コストの最適化

　Snowflakeでは、必要以上にコストを発生させないために、様々な機能が用意されています。アプローチとしては主に二つ存在します。

- ウェアハウスの起動時間の短縮
- ウェアハウス以外のリソースの使用

　Snowflakeのコストの大半は、ウェアハウスの起動時間に対する課金です。ストレージについて

8.MANAGE GRANTというグローバル権限を保有しているロールは引き続き権限付与できます。

9. なお、**アプリケーションロール**と呼ばれるSnowflake Native Application向けのロールも存在します。

は高度に圧縮されており、ストレージコストも低いため、あまり問題になりません。以下のようなアプローチを取ることで、ウェアハウスの起動時間を短縮することができます。

ウェアハウスの自動停止期間を短くする。

デフォルトでは5分で作成されてしまいますが、1分にすることで、4分間の課金を防ぐことができます。1分未満に設定できることもできますが、意図しない挙動が発生する可能性があるため、注意が必要です。

ウェアハウスのタイムアウト時間を短くする。

ウェアハウスには、クエリの最大実行時間を設定するSTATEMENT_TIMEOUT_IN_SECONDSというオプションが存在します。デフォルトでは2日間に設定されています。たまにクエリが非常に長かったり、何らかのエラーによってクエリが完了しないことがあり、ウェアハウスが起動し続ける場合があります。サイズの大きなウェアハウスの場合、タイムアウトをより短めに設定しておくと安心です。

また、セッションの接続が切れた際に、クエリを中断させるかどうかを設定するABORT_DETACHED_QUERYというオプションも存在します。セッションを切ってキャンセルしたつもりのクエリが実は動き続けている、という事態を避けるために、このオプションを有効化しておくと安心です。

断続的なクエリを行わない。

ウェアハウスの課金は最低1分から始まるため、1分未満のクエリを実行しても、1分分の課金が発生します。クエリを断続的に実行すると、必要以上に起動時間が延びてしまう原因になるため、なるべく固めてクエリすることで効率的になります。

クエリパフォーマンスを改善する。

クラスタリングキーを設定したり、不要な列の参照などを削除することで、クエリの実行時間を短縮することができます。また、よく使われるデータセットをテーブル化するなどして、計算回数を減らすことなども効果的です。クエリの実行時間はウェアハウスの起動時間にダイレクトに反映するため、スロークエリなどを確認してクエリの効率化を試みます。

データロードは一括で行う。

Snowflakeでは、データを一行ずつインサートするより、一気にインサートする方が高いパフォーマンスを発揮します。そのため、データのロードは一括ロードするようにしましょう。なお、ファイルからロードする場合、ファイルあたりのサイズを100MBから250MB程度以上にするのが望ましいとされています[10]。

10.https://docs.snowflake.com/ja/user-guide/data-load-considerations-prepare

Query Acceleration Serviceを利用する。

ウェアハウス全体に流れるクエリのうち、一部の重いクエリが、他のクエリのパフォーマンスに悪影響を及ぼすことがあります。Query Acceleration Serviceを利用すると、重いクエリの処理を別の共有リソースにオフロードすることで、重いクエリの影響を軽減できます。なお、エンタープライズエディション以上でのみ利用できます。

マルチクラスターウェアハウスを利用する。

ウェアハウスのパフォーマンスは、スケールアップ（サイズを大きくする）とスケールアウト（数を増やす）の二つの方法で向上させることができます。そのうち、スケールアウトをするアプローチが**マルチクラスターウェアハウス**（Multi Cluster Warehouse）です。ウェアハウスの負荷が高まった際に、自動でクラスタを事前に指定した数にまで増やすことができます。ウェアハウスの負荷が高まっている場合に、スケールアップをするべきかスケールアウトをするべきかは、クエリの内容やアクセスパターンに依存します。より効率的な方法を選択することで、ウェアハウスの利用料金を抑えることができます。なお、エンタープライズエディション以上でのみ利用できます。

管理データの参照

Snowflakeでは、各アカウントを作成した際にSNOWFLAKEデータベース[11]が自動的に作成されています。このデータベース内には、アカウント内の管理データが格納されています。ACCOUNT_USAGE.QUERY_HISTORYビューを参照することで、クエリ履歴のデータを取得できます。これらのデータはSnowflakeが管理しているため、ユーザーが操作することはできません。ACCOUNTADMINしか参照できないように制限されているビューもあるため、必要に応じて権限を付与します。

似たような概念として、各データベース内に存在するINFORMATION_SCHEMAも、データベース内の管理メタデータを保持しています。ここを利用することで、データベース内のテーブル一覧などを取得したりすることができます。

11.https://docs.snowflake.com/ja/sql-reference/snowflake-db

また、Snowflakeでは、ウェアハウスを利用せずとも利用できる機能があります。うまく利用することで、コストを抑えることができます。

キャッシュを活用する。

Snowflakeでは、3つのキャッシュ機構があります。そのうち、**クエリ結果キャッシュ**（Query Result Cache）では、同一の抽出クエリが発行された場合に、元データに変更がない場合にキャッシュデータを返します。キャッシュは24時間有効なので、うまく活用することで、ウェアハウスを起動せずにデータを取得できます。クエリ内にcurrent_timestampなどの関数が入っていると無効になってしまったりもするため、キャッシュが効きやすいようにクエリを記述することが大事です。

また、**メタデータキャッシュ**（Meta Data Cache）と呼ばれる、テーブルやビューのメタデータのキャッシュもあります。テーブル内の最大値や行数などは、メタデータから算出できるため、ウェアハウスを起動せずにデータを取得できます。しかし、where句などを含んで最大値や行数を計算

する場合にはウェアハウスが起動してしまいます。

　最後の一つは、**ローカルディスクキャッシュ**（Local Disk Cache）です。ウェアハウスが起動中にのみ動作するキャッシュです。ウェアハウスはクエリのリクエストが来たら、ストレージからデータを取得してクエリの集計を実行します。この際、ストレージからウェアハウス上のディスクストレージにデータを読み込んでおり、そのデータを再利用するのがこの機能です。同じデータソースを用いたクエリを連続で実行する際には、ストレージアクセスが発生しないため、クエリの高速化に繋がります。ウェアハウスがシャットダウンされるとキャッシュは削除されてしまうため、ウェアハウスの自動停止までの待機期間を短く設定している場合にはあまり恩恵を受けにくいキャッシュです。また、ローカルディスクに乗り切らない大きいデータに対してクエリする場合もあまり効果的ではありません。

Snowpipeを利用する

　データのロードにSnowpipeを利用する場合、ウェアハウスを起動しません。代わりに専用のサーバーレスコンピューティングが起動し、ウェアハウスより効率的にロードできます。ただし、Snowpipeであってもデータを100MBから250MB以上にまとめて1ファイルにすることが推奨されています。

サーバーレスタスクを利用する。

　タスクを利用する際には、ウェアハウスを指定してタスクを実行する方法のほか、ウェアハウスを指定しない**サーバーレスタスク**（Serverless Task）を作成できます。サーバーレスタスクは、タスクの負荷に応じて、ウェアハウスのサイズを自動で調整してくれるため、最適化された状態にできます。

4.6　権限設定とアクセス制御は設計の初期段階で設計しよう

　今回紹介した権限設定とアクセス制御は後になって導入しようとすると非常に手間がかかるものです。初期の設計段階から意識して設計することで、後々大変な思いをしなくて済みます。本章で紹介した役割ロールなどを参考に、是非最適な権限管理を行ってください。

　また、コストガバナンスについても、大きな問題を引き起こす前に、ざっくりとでも良いので設計しておくことをおすすめします。

第5章　実践的データ基盤の構築

||||||||||||||||||||||||||||||||||||||||||||||||||||||||||||||||||||||||||||||||||||||||||||||||||||||||||||||||||||||||||||||||||||||||

第1章「データ基盤とは」で紹介したように、データ基盤はさまざまな技術・ツールが組み合わさって構成されています。しかし、それらのツールを最初から全て用意することは時間的にも費用的にも現実的ではありません。そのため、データ基盤はその時々の自社の事業状況に合わせて徐々に改善を重ねていくことになります。では、データ基盤を最初に構築する際に最低限必要なツール群とは何でしょうか？この章では、構築時に導入するべき基本的なツール群について紹介します。

||||||||||||||||||||||||||||||||||||||||||||||||||||||||||||||||||||||||||||||||||||||||||||||||||||||||||||||||||||||||||||||||||||||||

5.1　データ基盤の最小構成

データ基盤を構成する技術群については、「1.6 データ基盤を構成する技術」にて紹介しました。それらのうち、データ利活用を進める上で最低限必要となる技術・ツールは以下の4つになるでしょう。

- データウェアハウス
- ETL/ELT システム
- ワークフローシステム
- データ可視化ツール

まず、データを集積・集計するための中核的なシステムとしてデータウェアハウスが必要です。次に、データウェアハウスにデータを入れるためのETL/ELT システムが必要になります。ETLシステムはデータウェアハウスに内蔵されているものの他、オープンソースのETL ソフトウェアやSaaS製品を利用したり、自分で実装することも可能です。そして、データウェアハウス内でデータパイプラインを構築しデータ集計を行うエージェントとして、ワークフローシステムが必要です。ワークフローシステムはデータウェアハウス内に内蔵されているものを利用したり、ワークフローツールを利用するなど選択肢は多くあります。そして、最後に集計したデータを表示し、エンドユーザーに提供するためのインターフェース（データ可視化ツール）が必要になります。データ可視化ツールとしては、主にBIツールが用いられることが多いです。

「1.6 データ基盤を構成する技術」にて述べたように、近年は様々なツールを組み合わせてデータ基盤を構築するトレンドが強まっています。本書では、第6章「ETL と Reverse ETL」、第7章「データオーケストレーション」、第8章「BI ツール」にてそれぞれの領域のツールについて詳しく紹介します。

本当に最低限の構成

Snowflakeを利用する場合、本当に最低限必要なのはSnowflakeとETLシステムの二つです。図5.1のように、ワークフローツールおよびデータ可視化ツールはSnowflakeに内蔵されているものを利用します。ETLシステムにはOSS版があるAirbyteを採用すれば、費用を抑えられるでしょう。

図5.1: 本当に最低限の構成

Snowflakeに標準装備されているワークフロー機能である**タスク**は、スケジュール実行のほか手動実行も可能です。また、ストリームと呼ばれる差分検知の機能を利用すれば、データに変更があった場合にワークフローを起動する、という制御も可能です。管理は大変になりますが、Snowflake内のリソースのみの管理であれば、基本的にはタスクで賄えます。タスクに関する詳細は「5.3 データパイプラインワークフローの管理」にて紹介します。

第3章「Snowflakeの導入と操作」にて紹介したように、Snowsightのデータ可視化機能を使うことで、簡単な可視化やダッシュボードの作成が可能です。しかし、複雑なデータ可視化を行いたい場合には力不足なので、BIツールなどを別途採用することをお勧めします。

実用性を備えた最小構成

より中長期での管理の楽さや開発のしやすさを考えた場合、前述の例はあまりお勧めできません。導入時にある程度の準備期間や人的リソースが与えられている場合には、もう少し充実させるのが良いでしょう。

図5.2では、Snowflake内のリソース管理に構成管理（Infrastructure as Code; IaC）ツールを導入しています。中長期で見た場合にデータウェアハウスの管理が圧倒的に楽になります。

ETLシステムも含めた全体的なデータパイプライン管理を行うために、ワークフローツールを導入しておくことで拡張性や管理が楽になるでしょう。また、Snowflake内のデータ加工・集計の管理を行うため、dbtのようなデータ変換管理ツールを導入すると良いでしょう。ワークフローについては第7章「データオーケストレーション」、dbtについては「5.4 dbtを使ったデータパイプラインの構築」にて紹介します。

エンドユーザーへのデータの提供を行うため、BIツールも導入しましょう。BIツールは多種多様で価格帯も幅広いため、予算やフェーズに応じてツールを選定すると良いでしょう。BIツールにつ

いての詳細は第8章「BIツール」にて紹介します。

図5.2: 実用性を備えた最小構成

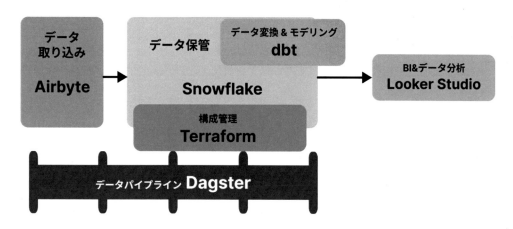

5.2　Snowflakeの構成管理

データウェアハウスや各種ツールのインフラストラクチャを構築する場合、構成管理（Infrastructure as Code; IaC）を行うことで、中長期的に管理が楽になります。Snowflakeの構成管理を行う方法として、主に二つの選択肢があります。

・IaCツール（Terraform, Pulumiなど）
・マイグレーションツール（schemachange, Flywayなど）

IaCツールである、TerraformやPulumiなどでSnowflakeのリソースを宣言的に作成することができます。これらのツールでは、宣言的な記述方法でリソースを定義するため、常に最新状態が分かりやすいというメリットがあります。また、実際に適用する前に実行計画を表示させることができるなど、安全かつ効率的に運用するための機能が利用できます。主にAWSなどのパブリッククラウドの環境構築に使われていますが、Snowflakeの各種リソースも記述することができます。なお、Terraform Snowflake ProviderはSnowflakeがメンテナーとなっているため、新機能への対応が比較的早い印象があります。

IaCツールを使わない方法としては、データベースのマイグレーションツールを利用する方法があります。Snowflake向けのマイグレーションツールであるschemachangeや、他のデータベースにも対応しているFlywayなどが選択できます。これらのツールは、SQLを利用して記述するため、Snowflakeの最新機能などもSQLを発行できるようになってさえいれば利用できるという利点があります。また、DML[1]文を記述することもできるため、データのマイグレーションや変更も行うこ

1.DML（Data Manipulation Language）は、SELECTやUPDATEなどのデータを操作するSQL文のことです。DDL（Data Definition Language）は、CREATEやALTERなどのデータを定義するSQL文のことです。

とができます。

Terraformのセットアップ

TerraformはMacの場合、`brew install terraform`でインストールできますが、複数のTerraformプロジェクトが存在する場合にはバージョンの切り替えが面倒です。そのため、tfenv[2]を利用してTerraformをインストールすることをお勧めします。

```
// tfenv を利用したTerraformのインストール
$ brew install tfenv
$ echo 1.6.0 > .terraform-version
// 2023年10月時点の最新バージョン
$ tfenv install
// .terraform-versionで指定したバージョンがインストールされる
$ terraform -version
// 1.6.0
```

Terraformを利用してSnowflakeのリソースを作成するには、Snowflake Providerを利用する必要があります。以下のようなtfファイルを作成します。`required_providers`のセクションで、Snowflake Providerのバージョンなどを宣言します。

リスト5.1: provider.tf

```
terraform {
  required_version = "~> 1.4.6"
  required_providers {
    snowflake = {
      source  = "Snowflake-Labs/snowflake"
      version = "0.64"
    }
  }
}

provider "snowflake" {
  region     = "ap-northeast-1.aws"
}
```

また、環境変数に以下を設定します。環境変数で設定した内容は、tfファイル内のprovider "snowflake"セクションで宣言することも可能です。

2.https://github.com/tfutils/tfenv

```
$ export SNOWFLAKE_ACCOUNT=<お使いのSnowflakeアカウントロケータ>
$ export SNOWFLAKE_USER=<tfからSnowflakeに使うのに使うユーザ>
$ export SNOWFLAKE_PASSWORD=<上記のユーザのパスワード>
$ export SNOWFLAKE_ROLE=<Snowflake上の各リソースを作成するのに使うロール>
```

　この状態でTerraformを初期化すると、Snowflake ProviderがTerraform内で利用可能になります。

```
$ terraform init
```

Snowflakeのリソースの宣言の仕方

　Snowflakeのリソースの作成や、権限の付与をTerraformで記述することができます。以下は、Terraformでウェアハウスを作成する例です。Terraform内で内部的にSQLに変換されて実行されます。

リスト5.2: provider.tf

```
resource "snowflake_warehouse" "tf_demo" {
  name           = "TF_DEMO"
  warehouse_size = "large"
  auto_suspend = 60
}

// Terraform内で以下のSQLに変換される
// create warehouse "TF_DEMO"
//     warehouse_size = large
//     auto_suspend = 60
// ;
```

　この状態で、Terraformの実行計画を確認すると、ウェアハウスが1つ作成される計画が表示されます。

```
$ terraform plan
```

実行計画に問題がないことが確認できたら、実際にリソースを作成します。

```
$ terraform apply
```

Snowflake Providerで作成できるリソースは公式ドキュメント[3]を確認してください。基本的にはSnowflakeで作成できるリソースは一通り作成可能になっています。また、各リソースに対する権限も付与可能です。

Terraformで Snowflakeのリソースを管理する際の注意点としては、テーブルのカラムを追加した場合にテーブルが作り替えになってしまうなどの挙動があることです。Snowflakeではテーブルの途中にカラムを追加することができないため、一度テーブルを削除して新たにテーブルを作成する必要があるためです。データベースの名称変更などでも意図した挙動をしないことがあるため、実行計画を注意深く確認するようにしてください。また、実行計画ではエラーが出ていなくても、実際に適用する段階でエラーが出ることもあります。Snowflakeの開発環境を準備して、事前に適用できることを確認してから本番に反映するようなフローを構築します。開発アカウントの作成方法は、後述します。

TerraformのCI/CD

Terraformを利用する場合、一般のTerraformと同じやり方でCI/CDパイプラインを構築することができます。本書の趣旨とは外れるため、ここでは詳しく紹介しません。手前味噌ながら、Snowflake Terraform Providerの使い方やCI/CDの構築について紹介した記事を書いているので、詳細はそちらをご確認ください。CI/CDパイプラインはデータ基盤導入時に構築しておくことで、中長期的に管理や変更が楽になるので、多少の手間はかかりますがしっかりと構築しておくことをお勧めします。

・Terraform無しでSnowflakeを始めちゃった人へのTerraform導入ガイド[4]

schemachange

Terraformを利用する方法の他に、マイグレーションツールを利用する方法もあります。ビューやテーブルなどを管理する際には、Terraformより、マイグレーションツールの方が記述しやすいかもしれません。Snowflake向けのマイグレーションツールとしてschemachange[5]があります。

schemachangeでは、「一度限り実行されるSQL」・「変更があった場合にのみ実行されるSQL」・「毎回実行されるSQL」の3つのタイプの実行を選択してSQLを実行することができます。pip install schemachangeでインストールしたら、schemachange-config.ymlを作成します。

リスト5.3: schemachange-config.yml

```
config-version: 1

# The root folder for the database change scripts
root-folder: '.'
```

3.https://registry.terraform.io/providers/Snowflake-Labs/snowflake/latest/docs 2023年9月時点でバージョン0.71.0が最新であり、まだ開発中のため導入の際には注意してください。
4.https://zenn.dev/yamnaku/articles/6f1d45640125b2
5.https://github.com/Snowflake-Labs/schemachange

```
# The modules folder for jinja macros and templates to be used across multiple
scripts.
modules-folder: null

# The name of the snowflake account (e.g. xy12345.east-us-2.azure)
snowflake-account: '<locator>.ap-northeast-1.aws'

# The name of the snowflake user
snowflake-user: '<snowflake_user>'

# The name of the default role to use. Can be overrideen in the change scripts.
snowflake-role: '<snowflake_role>'

# The name of the default warehouse to use. Can be overridden in the change
scripts.
snowflake-warehouse: '<snowflake_warehouse>'

# The name of the default database to use. Can be overridden in the change
scripts.
snowflake-database: null

# Used to override the default name of the change history table (the default is
METADATA.SCHEMACHANGE.CHANGE_HISTORY)
change-history-table: null

# Define values for the variables to replaced in change scripts
vars:
  var1: 'value1'
  var2: 'value2'
  secrets:
    var3: 'value3' # This is considered a secret and will not be displayed in any
output

# Create the change history schema and table, if they do not exist (the default
is False)
create-change-history-table: false

# Enable autocommit feature for DML commands (the default is False)
autocommit: false
```

```
# Display verbose debugging details during execution (the default is False)
verbose: false

# Run schemachange in dry run mode (the default is False)
dry-run: false

# A string to include in the QUERY_TAG that is attached to every SQL statement
executed
query-tag: 'QUERY_TAG'
```

また、SNOWFLAKE_PASSWORD環境変数に、上の設定ファイルで指定したユーザーのパスワードをセットします。

```
$ export SNOWFLAKE_PASSWORD = <user_password>
```

設定ファイルを配置したディレクトリ配下にV1.1__initial_object.sqlを作成します。

リスト5.4: V1.1__initial_object.sql

```
create table metadata.schemachange.test (
    test string
)
;
```

そのまま、schemachangeコマンドを実行します。

```
$ schemachange
```

V1.1__initial_object.sqlが実行され、METADATA.SCHEMACHANGE.TESTテーブルが作成されていることを確認できます。schemachangeを再度実行しても、V1.1__initial_object.sqlは実行されません。

なお、schemachangeでは、マイグレーションの実行履歴を保存するためのテーブルが必要です。デフォルトでは、METADATA.SCHEMACHANGE.CHANGE_HISTORYテーブルを作成します。

schemachangeでは、SQLファイルの接頭辞を見て挙動を決定します。ファイルの種類には、以下の3つの存在します。

- Versioned Script
- Repeatable Script
- Always Script

Versioned Scriptとは、一度実行すると再実行されることはありません。先頭に「V」がついており、その後に数字によりバージョンを重ねていきます（例：`V1.1__initial_object.sql`）。バージョンの順番通りにスクリプトが実行されていき、その実行履歴を `METADATA.SCHEMACHANGE.CHANGE_HISTORY` テーブルに保持しています。そのため、一度実行済みのバージョンのSQLファイルは再度実行されません。主に、テーブルなどステートフルなリソースを作成・更新する場合に用いられます。

Repeatable Scriptとは、ファイルの内容に変更があった場合のみ実行されます。先頭に「R」が付けることで、Repeatable Scriptとして扱われます（例：`R__initial_view.sql`）。主に、ビューなどの変更時に再実行されることを期待する場合に用いられます。

Always Scriptとは、schemachangeを実行するたびに常に実行されます。先頭に「A」が付けることで、Always Scriptとして扱われます（例：`A__grant.sql`）。権限など常に最新化しておきたいSQLを実行する場合に用いられます。

schemachangeの詳しい使い方は公式ドキュメント[6]を確認してください。IaCツールは宣言的な記述ができ、差分や実行計画がわかるため、構成管理という面では、まずIaCツールの利用を検討してください。その上で、IaCツールではテーブルやビューの記述が大変なので、schemachangeと併用するという選択肢も十分ありうるでしょう。またIaCツールでは対応していないSQLなどもschemachangeであれば実行できます。

開発環境の作成

Snowflakeの環境として本番環境だけでなく、開発環境も用意しておくと良いでしょう。Snowflakeには**組織**（ORGANIZATION）[7]という機能があり、複数のアカウントを一つにまとめることができます。この機能を使い、本番環境用のアカウントとは別のアカウントを用意することができます。

Snowflakeアカウントを開設した時点で既に組織が有効になっています。`SHOW ORGANIZATION ACCOUNTS` コマンドを実行することで、現在の組織内に属するすべてのアカウントの一覧が取得できます。

組織内に別アカウントを作成する場合、ORGADMINロールにて、`CREATE ACCOUNT` コマンドを実行する必要があります。そのため、まずORGADMINをユーザー（またはロール）に付与します。ACCOUNTADMINでなければ付与できないため注意します。

リスト5.5: 開発環境向けアカウントを作成する

```
-- ACCOUNTADMINに切り替える
use role accountadmin;


-- ORGADMINを割り当てる
grant role orgadmin to user <user_name>;
-- またはロールに対して割り当てる
grant role orgadmin to role <role_name>;
```

6.https://github.com/Snowflake-Labs/schemachange

7.https://docs.snowflake.com/ja/user-guide-organizations

```
-- 開発環境向けのアカウントを作成
create account <account_name>
    admin_name = <user_name>
    admin_password = <user_password>
    email = <user_email>
    edition = standard
    comment = '開発環境'
;
```

　Terraformを利用する際にも、開発環境アカウントで実際に`terraform apply`できることを確認してから本番環境に適用するフローにするのが良いでしょう。アカウントは組織の下に20個まで作成できるため、本番環境・ステージング環境・開発環境のように、開発フローに合わせて複数のアカウントを運用することが可能です。

5.3　データパイプラインワークフローの管理

　データを収集・集計・結果を保管する一連のフローをデータパイプラインと呼びます。データ基盤では、このようなデータパイプラインが複雑かつ大量に構築されていきます。機械学習を含む場合、MLパイプラインと呼ぶこともあります。

　このようなデータパイプラインをオーケストレーションするツールをワークフローツールと呼び、いくつかの選択肢があります。まず、Snowflakeが標準で実装しているのがタスクと呼ばれるワークフロー機能です。タスクはSnowflake上でのデータ集計フローを構築することができ、Snowflake以外のインフラストラクチャを必要としないため、最も手軽に使い始めることができます。一方、タスクはSnowflake外のツールとの連携はできず、ETLツールやデータ変換管理ツール、BIツールなどを含めてワークフローを構築することはできません[8]。

　一方、より多くのツールと連携できるワークフローツールとして、Airflow・Dagstar・Prefectなどがあります。これらのツールは、インフラストラクチャも含め準備する必要があり、導入ハードルがやや高くなりますが、様々なツールにまたがってワークフローを構築することができます。他にも、AWS Step Functionsなどのクラウドベンダーの提供するワークフローエンジンを利用する方法もあります。Snowflakeタスク以外のワークフローエンジンについては、第7章「データオーケストレーション」で詳しく紹介します。

タスク

　タスク[9]は、SQL文をスケジュールまたは他のタスクの完了をトリガーに実行することができる機能です。

---

8. この表現は正確ではないかもしれません。Snowflakeからプロシージャを利用して外部APIなどにリクエストする外部ネットワークアクセスを利用することで、連携することができます。

9. https://docs.snowflake.com/ja/user-guide/tasks-intro

タスクはSQLで作成することができます。スケジュールは「x分（時間）ごと」という指定方法と、CRON式を用いた時間指定が可能です。あるタスクの完了を待って次のタスクを実行したい場合には、afterを使って指定します。タスクで指定できるSQLは一文のみで、複数文のSQLを一つのタスクで実行することはできません。複数のSQLを実行したい場合は、after句でタスクを連ねていく必要があります。もしくは、複数のSQLをまとめたプロシージャを作成して、それをタスクから呼び出すという手もあります。

リスト5.6: タスクを作成する

```
-- 毎時0分にsample_tableに値をインサートするタスク.
create task sample_01
    warehouse = <your_warehouse>
    schedule = 'USING CRON 0 * * * * Asia/Tokyo'
    comment = 'sample task'
as
    insert into sample_table values ('1')
;


-- 10分ごとにsample_tableに値をインサートするタスク.
create task sample_02
    warehouse = <your_warehouse>
    schedule = '10 MINUTE'
    comment = 'sample task'
as
    insert into sample_table values ('1')
;


-- sample_02のタスクが完了したら実行されるタスク.
create task sample_03
    warehouse = <your_warehouse>
    comment = 'sample task'
after sample_02
as
    insert into sample_table values ('1')
;
```

　もちろん、Terraformでも作成できます。作成したタスクはSnowsightから確認できます（図5.3）。

図 5.3: Snowflake Task の DAG

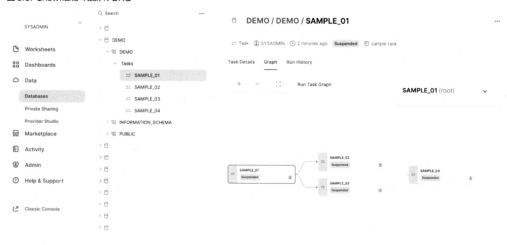

タスクはDAG（有向非巡回グラフ）として表現可能であり、複数のタスクの完了を待って次の
タスクを開始するということも可能です。作成したタスクはデフォルトではスケジュールが有効に
なっていないため、以下のようなSQLを実行して有効化する必要があります。

リスト 5.7: タスクを有効化する

```
alter task <your_task> resume;
```

複数のタスクを用いてDAGを構成している場合、DAG上の有効になっていないタスクは実行さ
れません。そのため、正しくワークフローを実行したい場合には、DAG上のすべてのタスクを有効
にする必要があります。ひとつずつ有効にしていっても良いですが、ルートタスク（開始地点のタ
スク）に繋がるすべてのタスクを一括で有効にすることもできます。

リスト 5.8: ルートタスクに紐づくすべてのタスクを有効化する

```
select system$task_dependents_enable('<root_task_name>') resume;
```

なお、スケジュール実行を停止しておきたい場合にはルートタスクのみ停止していれば大丈夫で
す。タスクは手動で実行することも可能です。DAGを構成している場合、ルートタスク以外のタス
クを手動実行することはできません。

リスト5.9: タスクを手動実行する

```
execute task <your_task>;
```

　前述のタスクの作成例では、ウェアハウスを指定して作成していました。この場合、タスク内で実行されるSQLを、指定したウェアハウスで実行することになります。しかし、タスクを作成する際に、毎回SQLの重さを考えてウェアハウスを指定するのは大変です。そのため、ウェアハウスを指定せずにタスクを作成できるサーバーレスタスクという機能があります。SQLの重さに応じて自動でウェアハウスサイズを変更して実行してくれるという機能です。処理に応じて最適化してくれるため、特別な理由がない場合、サーバーレスタスクを利用する方が便利です。

リスト5.10: サーバーレスタスクを作成する

```
-- サーバレスタスクの場合、初期に使用するウェアハウスサイズのみを指定する
create task serverless_sample_01
    user_task_managed_initial_warehouse_size = 'XSMALL'
    schedule = 'USING CRON 0 * * * * Asia/Tokyo'
    comment = 'sample task'
as
    insert into sample_table values ('1')
;
```

　また、スケジュール実行以外のトリガーとして、テーブルなどに変更が入った場合に実行するといったユースケースもあります。その場合には、when句を利用することで制御できます。

リスト5.11: 条件付きタスクを作成する

```
-- sample_tableの差分を検知するストリームを作成する.
create stream sample_stream on table sample_table
;

-- 5分ごとにsample_tableの差分があるかチェックして、差分があればTaskを実行する.
create task sample_01
    user_task_managed_initial_warehouse_size = 'XSMALL'
    schedule = '5 MINUTES'
    comment = 'sample task'
when
    system$stream_has_data('SAMPLE_STREAM')
as
    insert into sample_table values ('1')
;
```

　Snowflakeにはストリームと呼ばれる、テーブルへの差分を検知する仕組みがあります。差分をトリガーにタスクを実行する場合には、ストリームをあらかじめ差分検知したいテーブルに対して

設定します。その上で、create task文で、when system$stream_has_data()を用いて、対象のストリームに差分があった場合にのみタスクを起動するように設定します。テーブルへの差分から5分以内にタスクを実行したい場合には、タスクを5分ごとに呼び出すように設定します。このwhen句の内容は実際のウェアハウスを起動することなく評価されるため、実際にウェアハウスを起動するよりはるかに安い料金で済みます。そして、差分がなかった場合タスクは起動されないため、ウェアハウスの料金はかからずに済みます。ただし、テーブルへの差分が1日1回程度にとどまる場合、5分おきにタスクを評価するのはやりすぎなので、更新が起こりそうな時間帯にタスクを何度か起動させるようなやり方にするのが良いでしょう。

> ### クラウドサービスレイヤー
>
> Snowflakeではウェアハウスで処理する他、クラウドサービスレイヤーと呼ばれる層で処理されるものがあります。クエリキャッシュや、テーブルメタデータなどを参照する場合には、実際のウェアハウスを起動することなくクラウドサービスレイヤーで処理されるため、課金がほとんど発生しません。ウェアハウスの使用量の10%分までは無料でクラウドサービスレイヤーを利用できます。タスクのwhen句の評価もクラウドサービスレイヤーで行われます。

このように、タスクはSnowflake内のデータを処理するだけであれば非常に利便性が高く、コスト最適化も行いやすいものになっています。そのため、最小構成でデータパイプラインを構築する場合にはタスクで十分ニーズを満たせると思います。なお、現在ではdbtを利用したり、**動的テーブル**を利用することでよりシンプルかつ分かりやすく実現できます。

5.4　dbtを使ったデータパイプラインの構築

データパイプラインの中で、最も大きな比重を占めるのがデータ変換・集計です。しかし、このデータ集計を安全かつ効率よく実現・かつ変更容易な状態に保つことは難しいです。たとえば、データソースの変更はそれに依存する全てのデータ集計パイプラインに影響を及ぼします。また、何かしらの集計ロジックを変更した時、その集計結果に依存する全ての処理が影響を受けてしまいます。このような状態で、データ基盤のメンテナンスをし続けることは非常に難しいものになります。**dbt**（Data Build Tool）は、そのようなデータ集計のパイプラインの構築・管理を楽にするツールです。データ基盤の最小構成には入りませんが、構築初期から導入しておくことを強くお勧めします。

dbtとは

一般にデータウェアハウス上でデータ集計を行ったり、加工を行う際には、変換のロジックをselect文を用いて記述します。そして、それをビューとして保存したりテーブルにインサートすることで、加工データを利用できるようにします。前述のTerraformやschemachangeを用いることで、このようなビューやテーブルのコード管理は可能になりますが、以下のような課題が残っています。

・データセットに対するテストができない

・複数の開発者による変更がバッティングする可能性がある
・ビュー・テーブル間の依存関係を把握することが難しく、変更の影響範囲がわかりにくい
・データセットの内容についての説明が不足しがち
・記述量が多くなりがち

dbtはこのような課題をクリアして、データウェアハウス上でのデータパイプラインの開発をサポートしてくれます。select文を記述したSQLファイルを作成すると、dbtは設定に基づいて、そのselect文をテーブルやビューとしてSnowflake上に作成します。さらに、各テーブルやビューの依存関係を示したリネージグラフ（Lineage Graph）を作成します。ドキュメント機能もあり、データセットの各テーブルについての説明やカラムの説明などを記述することで、ドキュメントを自動で生成してくれます。そして、データに対するテストを記述することもでき、ユニーク制約やバリデーションのチェックを簡単に行うことができます。

dbtのセットアップ

dbtはdbt CoreというOSSとして公開されているほか、dbt CloudというSaaS版の有料サービスも提供しています。基本的な機能はdbt Coreで十分カバーできますが、より開発体験を向上させたい場合にはdbt Cloudの利用がお勧めです。フルマネージドなデプロイパイプラインやdbt向けのブラウザIDE、ブラウザ上でのドキュメント参照などの機能が使えます。

---

dbt Semantic Layer

　dbt Cloud独自の機能としてSemantic Layerに関する機能も含まれます。Semantic Layerは注目を集めているトピックですがやや高度なので本書では触れません。気になる方はチェックしてみてください。

ここでは、dbt Coreを利用して説明していきます。インストール方法については、公式ドキュメント[10]を確認してください。最も簡単な方法は、brewを用いたインストールです。Snowflakeを使う場合、dbt-snowflakeをインストールします。

```
// Homebrewでのインストール
brew tap dbt-labs/dbt
brew install dbt-snowflake

dbt --version
// dbtバージョンを確認.2023年9月時点での最新はv1.6.3
```

ただし、筆者はpipによるインストールをお勧めします。第9章「データアプリケーションと分析」で紹介するように、dbtはSQLの他に、Pythonでも記述できます。そのため、dbtのセットアップはPythonのセットアップと同時にやった方がよく、Pythonの仮想環境上でdbtをインストール

10.https://docs.getdbt.com/docs/core/installation

した方が、取り回しが楽になると考えています。また、dbtの周辺ライブラリはpipでインストールすることが多いため、その点でも、パッケージ管理をPythonに寄せる方が便利でしょう。下記の例ではdbt-snowflakeを直接指定してインストールしていますが、一般的にはrequirements.ymlやPoetryなどを使ってパッケージ管理を行います。

```
// pipでのインストール
conda create -n dbt python==3.10
conda activate dbt

// condaなどで仮想環境を作成
// dbt Python ModelではPython3.10を利用することになるので、3.10系を使うのが吉

pip install dbt-snowflake

dbt --version
// dbtバージョンを確認.2023年9月時点での最新はv1.6.3
```

　dbtのセットアップが完了したら、dbt initコマンドを実行して、dbtの「プロジェクト」を作成します。セットアップが完了したら、dbt initで指定したプロジェクト名と同じディレクトリが作成されているので、そこに移動して、dbt debugを実行します。正しく入力できていれば、接続に成功します。もし失敗する場合は、パスワードなどが間違っている可能性があります。~/.dbt/profiles.ymlを参照して、パスワードなどを変更しましょう。なお、プロファイルの参照先はDBT_PROFILES_DIRという環境変数で変更できます。リポジトリ配下などにプロファイルを配置しておきたい場合やCI/CDを構築する際に使います。

```
// dbt initでのプロジェクト作成
$ dbt init
// 色々聞かれる。Terraformやschemachangeと同じ内容で設定すればOK

$ cd <your_project_name>
$ dbt debug
// 接続確認
```

dbtによるデータセット作成

　dbtのセットアップが完了したら、dbtを使ってテーブルやビューを作成してみます。まず、dbtプロジェクト全体のディレクトリ構成を確認します。

- models: dbtで作成するデータセットを置く。
- analyses: データセットには含めないが、dbtの機能を使ってSQLを作成したりしたい時に使う。アドホックなクエリを置くような場所。

- macros: マクロと呼ばれる、各モデルなどで利用できるテンプレートや関数のようなものを配置する。
- seeds: シードデータを置く。
- snapshots: 過去のデータに戻したい場合に利用できる「スナップショット」機能を使うデータセットを置く。
- test: データに対するテストケースを置く。
- target: dbt上でコンパイルされた最終成果物（SQLなど）が配置される。
- logs: dbtのコマンド実行ログが配置される。

dbtでデータセットを作成する際に最もよく使われるのが、modelsディレクトリです。dbtで作成するビューやテーブルは「モデル」と呼ばれます。modelsディレクトリ以下にSQLファイル（またはPythonファイル）を配置すると、自動的にSnowflake上にデプロイされます。

models配下に既にサンプルのSQLファイルが配置されていると思うので、runコマンドを実行してみましょう。

```
$ dbt run
```

うまくいくと、Snowflake上に、MY_FIRST_DBT_MODELというテーブルと、MY_SECOND_DBT_MODELというビューが作成されます。SQLのファイル名と同じ名前でテーブルもしくはビューが作成されます。

MY_FIRST_DBT_MODELのSQLの中で注目すべきは、config関数です。configはdbtに標準で備わっている、各モデルに対する設定を行うことができる関数です。dbtのモデルには、実体化の方法が4パターンあり、テーブル・ビュー・インクリメンタル・エフェメラルの4つから選択可能です。さらに、dbtバージョン1.6以降では、動的テーブルを作成することも可能になりました。デフォルトの実体化方法は、プロジェクトのルートディレクトリのdbt_project.ymlに記述できます。

リスト5.12: my_first_dbt_model.sql

```
{{ config(materialized='table') }}

with source_data as (

    select 1 as id
    union all
    select null as id

)


select *
from source_data
```

MY_SECOND_DBT_MODELのSQLの中で注目すべきは、ref関数です。refもdbtに標準で備わっている関数で、他のモデルを参照する場合に利用できます。refを利用して記述することで、モデル間の依存関係のグラフ（データリネージ）を作成できるようになります。また、開発者ごとに開発環境をセットアップする際にもrefが重要な役割を果たします。

リスト5.13: my_second_dbt_model.sql

```
-- Use the `ref` function to select from other models
select *
from {{ ref('my_first_dbt_model') }}
where id = 1
```

　dbtはあくまでデータ変換のツールなので、データソースのテーブルをdbtモデルの外から呼び出す必要があります。この際、データソーステーブルをSQLにべた書きする方法の他に、source関数を利用することもできます。

リスト5.14: Source関数を利用したモデルの作成

```
select
    *
from {{ source('sample', 'sample_table') }}
```

　Source関数を利用する場合、データソースの設定を記述した、以下のようなYAMLファイルをmodels以下に配置する必要があります。なお、ファイル名は自由です。この設定情報を用いると、source('sample', 'sample_table')は、コンパイル時にdemo.raw.sample_tableに変換されます。このYAMLファイルにはデータソースについての説明や、カラムの説明、そしてカラムのテストなども記述できます。以下の例では、sample_tableのidカラムにユニーク性を期待していることを記述しています。実際にテストする場合には、dbt testコマンドを実行します。

リスト5.15: Source情報を記述したYAMLファイル

```
version: 2

sources:
  - name: sample # this is the source_name
    database: demo
    schenma: raw

    tables:
      - name: sample_table # this is the table_name
        description >
          This is sample table
        columns:
          - name id
```

```
tests:
  - unique
```

テストの定義と実行

　データソースだけでなく、作成したモデルに対してもテストを定義することができます。dbt内で作成できるテストは2種類あり、「Singularテスト（単一テスト）」と「Genericテスト（汎用テスト）」があります。

　Singulerテストは、SQLを実際に書いて期待する結果が得られているかをチェックするテストです。testsディレクトリ以下にselect文を書いたSQLファイルを配置します。この時、正しくモデルが作成された場合に結果が0行になるようにSQLを記述します。dbt testを行うと、そのSQLが実行され、結果が0行であればテスト成功と判定され、1行以上帰ってくる場合にはテストが失敗します。Singulerテストは自由度が高いものの、記述とメンテナンスが大変なのであまり多用しない方が良いでしょう。

　一方、データに対してよく実施されるテストとして、「ユニーク性」や「外部キー参照」、「特定の値のみが入る」といったものがあります。このような、よくあるユースケースに対していちいちSQLを書くのは煩雑なので、dbtではYAMLファイルを利用してテストを記述できます。それがGenericテストです。Snowflakeでは、NOT NULL制約やUNIQUE制約などをテーブルに付与することができますが、実際にはNOT NULL以外の制約はチェックされていません。そのため、実際にデータをみて制約が保たれているかを調べる必要があります。

　dbt initを実行して作成されたサンプルデータにはschema.ymlが作成されています。このYAMLファイル内で、モデルやカラムの説明だけでなく、カラムに対するテストも記述しています。このまま、dbt testを実行すると、YAMLファイルに指定されたテストが実行されます。my_first_dbt_modelが非NULLに違反しているため、テストは失敗します。

リスト5.16: schema.yml

```
version: 2

models:
  - name: my_first_dbt_model
    description: "A starter dbt model"
    columns:
      - name: id
        description: "The primary key for this table"
        tests:
          - unique
          - not_null

  - name: my_second_dbt_model
```

```
  description: "A starter dbt model"
  columns:
    - name: id
      description: "The primary key for this table"
      tests:
        - unique
        - not_null
```

このように、カラムに対してテストを定義することができ、上記の例のnot nullやuniqueの他に以下のようなテストがかけられます。

- accepted_values: 指定された値以外がカラムに入っていないか。ステータスのカラムなど、入る値が確定している場合に使う。
- relationships: 外部キー制約を守っているか。他のモデルのカラムとJOINするキーとして使う場合に使う。

dbtの標準のテストに加えて、dbt-unit-testing[11]パッケージを利用すると、テストデータを利用したテストなどができるようになります。また、dbt_constraints[12]パッケージでは、primary_keyなどのソースの制約に対するテストを行うことが出来ます。

開発者ごとの環境分離

dbtでは、開発者が同時に同じリソースを操作して影響を及ぼし合うことがないよう、環境分離ができる仕組みがあります。dbt initの結果生成された、~/.dbt/profiles.ymlを見てみましょう。

リスト5.17: profiles.yml

```
dbt_sample:
  outputs:
    dev:
      account: <your_aws_locator>.ap-northeast-1.aws
      database: demo
      password: <your_password>
      role: sysadmin
      schema: demo
      threads: 1
      type: snowflake
      user: <your_name>
      warehouse: develop
```

11.https://github.com/EqualExperts/dbt-unit-testing

12.https://github.com/Snowflake-Labs/dbt_constraints

```
target: dev
```

profiles.ymlには、ターゲットと呼ばれる機能があり、dbtコマンドを実行する際にどのプロファイル設定を利用するかを選択できます。上のprofiles.ymlでは、devというターゲットがデフォルトで設定されています。この場合、outputs.dev以下に記述されたデータベース・スキーマに対してdbtの各モデルがデプロイされていきます。

　ここで、開発者ごとに利用するスキーマを変えるように設定すると、各開発者は別々のスキーマに対してdbtモデルをデプロイするため、お互いの作業がバッティングするのを防ぐことが可能です。以下のようなprofile.ymlを配布し、devターゲットのスキーマ名を各開発者の名前などに設定すると良いでしょう。

リスト5.18: schema.yml

```
dbt_sample:
  outputs:
    production:
      account: <your_aws_locator>.ap-northeast-1.aws
      database: demo
      password: <your_password>
      role: sysadmin
      schema: production
      threads: 1
      type: snowflake
      user: <your_name>
      warehouse: production
    staging:
      account: <your_aws_locator>.ap-northeast-1.aws
      database: demo
      password: <your_password>
      role: sysadmin
      schema: staging
      threads: 1
      type: snowflake
      user: <your_name>
      warehouse: staging
    dev:
      account: <your_aws_locator>.ap-northeast-1.aws
      database: demo
      password: <your_password>
      role: sysadmin
      schema: dbt_<your_name>
      threads: 1
```

```
      type: snowflake
      user: <your_name>
      warehouse: develop
  target: dev
```

このプロファイルには、productionやstagingといったターゲットも追加しています。もしこれらのターゲットへdbtをデプロイしたい場合には、以下のようにターゲットを明示して実行します。

```
$ dbt run --target production
```

なお、一般的には本番環境へのデプロイは開発者からは実施できないようにし、CI/CDパイプラインの中でのみ実行できるようにします。また、テストなどの実行も含めてデプロイしたい場合には、dbt buildコマンドを利用します。ローカルでの開発中などに、生成されるSQLを確認したい場合にはdbt compileを利用します。コンパイルされたSQLはtarget/compiled以下に配置されています。

dbtには、さまざまな便利パッケージが存在します。YAMLファイルの自動生成ツールや、リアルタイムでのSQLコンパイルツール、dbtのベストプラクティスに準拠しているかのチェックツールなどがあります。使い方に慣れてきたら使ってみることをお勧めします。

ドキュメント

dbtには、ドキュメント機能があります。dbt docsコマンドでドキュメントを作成・参照できます。dbt docs generateでドキュメントを作成したのち、dbt docs serveでドキュメントサーバーが立ち上がります（図5.4）。

```
// dbtドキュメントの作成
$ dbt docs generate
$ dbt docs serve
```

YAMLファイルで記載したディスクリプションやテストが見やすい形でドキュメント化されています。YAMLファイル内の記述を充実させることで、簡単なデータカタログとして利用することができるでしょう。

図 5.4: dbt Docs

また、データリネージも参照することができます。このデータリネージを参照することにより、モデル間の依存関係を簡単に把握できます。影響範囲が見えにくい改修時などに役立ちます。この図も ref 関数に基づいて作成されています。dbt Core では、このドキュメントを自前でサーバーにデプロイする必要がありますが、dbt Cloud はホスティング環境が自動で作成されています。また、dbt Cloud で提供される Web IDE では、リネージ（図5.5）を表示しながらモデルを作成できる機能があり、開発者体験が高くなっています。VSCode などのエディタ拡張である、dbt-power-user や、Turntable などを用いると同様のリネージや定義ジャンプができるようになります。

図 5.5: dbt Docs でのデータリネージ

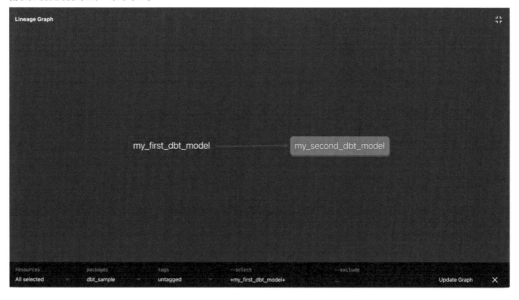

dbtのプロジェクトもCI/CDを行うようにしておくと良いでしょう。dbt CloudではデフォルトでCI/CDパイプラインが提供されているのでほとんど手間をかけずに構築できます。dbt Coreの場合、Github Actionsなどを用いてCI/CDを構築すると良いでしょう。

dbtのテストおよびデプロイ自体は`dbt build`を呼び出すだけなので、ほとんど悩みどころはないかもしれません。dbt Docsもホスティングする場合には、そちらのデプロイパイプラインも必要になります。ここでは、dbt本体のデプロイ以外に推奨するCIについて紹介します。

SQLの記述ルールチェック

dbtは主にSQLを記述するため、SQLの記述ルールを決めておくと、メンテナンスのしやすいdbtプロジェクトが作成できるでしょう。SQLのリンター・フォーマッターはあまり数が多くありませんが、以下の二つが現実的な選択肢になるのではないでしょうか。

・SQLFluff[13]
・sqlfmt[14]

SQLFluffはルールのカスタマイズ性が高いのがメリットです。一方、sqlfmtはより高速です。dbt Cloudではsqlfmtを利用しています。なお、この二つのツールは併用可能でもあるため、実際に比べて使ってみることをお勧めします。いずれのツールもOSSのため、Github Actionsなどに組み込み、プルリクエストに対してCIを実行すると良いでしょう。

dbtのベストプラクティスに対するチェック

dbt Labsが公開しているdbtのベストプラクティスに準拠しているかをチェックする`dbt-project-evalutor`[15]というdbtパッケージがあります。これをCIに組み込むことで、dbtプロジェクトの品質を継続的に担保できるようになります。このパッケージは`dbt test`に組み込むことができるため、比較的簡単に導入することができるでしょう。導入方法は公式ドキュメントを参照してください。

5.5　データ基盤に関する情報収集

データ基盤やデータエンジニアリングは、非常に技術革新が早い領域になっています。そのため、最新の情報を追いかけ続けるには、良質な情報源を見つけることが重要です。このセクションでは、筆者の経験に基づき、良い情報源となるWebサイトやコミュニティを紹介します。

13.https://github.com/sqlfluff/sqlfluff
14.https://github.com/tconbeer/sqlfmt
15.https://github.com/dbt-labs/dbt-project-evaluator

コミュニティ

- datatech-jp[16]: データテクノロジー全般についての国内コミュニティです。
- Snowflake User Groups Japan （SnowVillage）[17]: Snowflake についての国内コミュニティです。
- Snowflake Community[18]: Snowflake についてのグローバルコミュニティです。
- Airbyte Community[19]: Airbyte についてのグローバルコミュニティです。Slackの #good-reads-and-discussions チャンネルには、データエンジニアリングに関する良質な記事が投稿されています。
- dbt Community[20]: dbt についてのグローバルコミュニティです。Slackの #local-tokyo チャンネルで、国内活動についての情報を得ることができます。#i-read-this チャンネルには、データエンジニアリングに関する記事が投稿されています。

Webサイト

- around-dataengineering[21]: データエンジニアリングに関する情報をまとめたメディアです。データエンジニアリングに関する情報を幅広く網羅しています。
- data-engineer-handbook[22]: データエンジニアリングに関する情報をまとめたリポジトリです。書籍や、企業、著名人など幅広くまとめられています。
- awesome-dbt[23]: dbt に関する情報をまとめたリポジトリです。dbt のチュートリアルからより実践的な情報まで幅広く、かつ包括的にまとめられています。
- Modern Data 101[24]: データエンジニアリングに関するブログです。幅広い話題が取り上げられています。

16.https://datatech-jp.github.io/
17.https://usergroups.snowflake.com/japan
18.https://community.snowflake.com/s/
19.https://airbyte.com/community/community
20.https://www.getdbt.com/community
21.https://github.com/abhishek-ch/around-dataengineering
22.https://github.com/DataEngineer-io/data-engineer-handbook
23.https://github.com/Hiflylabs/awesome-dbt
24.https://moderndata101.substack.com/

第6章　ETLとReverse ETL

|||||||||||||||||||||||||||||||||||||||||||||||||||||||||||||||||||||||||||||||||||||||||||||||||||||||||||||||||

Snowflakeを有効活用するには様々なデータをSnowflakeに集積していく必要があります。このようにデータウェアハウスにデータを転送する処理フローはETLと呼ばれてきました。近年は、逆にデータ基盤からシステムにデータを転送して活用していく処理フローが登場し、Reverse ETLと呼ばれています。本章ではこの2つの動きについて解説するとともに、よく使われるツールを紹介します。

|||||||||||||||||||||||||||||||||||||||||||||||||||||||||||||||||||||||||||||||||||||||||||||||||||||||||||||||||

6.1　ETLとReverse ETL

ETLとELT

　第1章「データ基盤とは」で述べたとおり、データソースからデータレイクやデータウェアハウスにデータをロードする処理としてETLとELTがあります。これらの単語は以下の単語の頭文字を取ったものです。

- ・Extract（抽出）
- ・Transform（変換）
- ・Load（ロード/書き込み）

　データソースから抽出されたデータはデータウェアハウスにロードされるとともに活用できる形に変換する必要があります。ETLとELTは、このロードと変換をどちらを先に行うかで呼び方が変わります。かつてはデータウェアハウス内での処理を軽量化するために変換し、必要なデータに整形してからロードを行うETLのアプローチが一般的でした。現在はストレージコストの低下やデータウェアハウスの処理性能の向上により、まずはデータをすべて集積してから加工するELTのアプローチが主流です。この方式の場合、データが必要になったタイミングで変換し直すことが可能であり、データの利活用がしやすくなります。

　しかし、同時に現在では機密情報の取り扱いに細心の注意が必要とされるため、ロードの時点で個人情報のマスクなどの加工が必要とされることも多いです。Snowflakeは第4章「権限管理とガバナンス」で触れたようにデータのマスキングなどの機能を備えていますが、そもそもデータ基盤に個人情報を入れるべきではないとする意見もあります。

　また、データの形式自体がバラバラで、そもそも単純にロードできないケースも多々あります。このため、データロードのためのツールは加工の機能も備えていることが多く、ツール全体の総称としてはETLツールという呼び名が一般的です。

Reverse ETL

　Reverse ETLとはデータ基盤に集積されたデータをシステムに戻していく動きのことを言います。従来のETLと逆のデータの流れになることから、Reverse ETLと呼ばれています。

　かつてはデータ基盤に集積したデータはアナリストや運用者が分析に使うにとどまることがほとんどでした。データの収集をリアルタイムに行うことが難しく、データの加工の処理にも時間がかかり、現在は様々に存在するデータを活用する手段も多くなかったからです。しかし近年ではCDPやMAツールなど様々なSaaS製品が登場しており、これらのツールのためのデータをデータ基盤から転送していく形で活用する例が増えています。また、機械学習などをシステムに組み込む場合においてもデータ基盤に集積したデータを活用する形が一般的です。これらのデータ活用方法は利用できるデータが多ければ多いほど効果が上がっていくので、部署やプロダクトを横断してすべてのデータを集積しているデータ基盤に目が向けられていきました。

　このような理由から、現代においてデータ基盤を構築する場合にはReverse ETLが行われる前提でデータ基盤を設計する必要があると言えます（図6.1）。

図6.1: SaaS システム利用のための ReverseETL

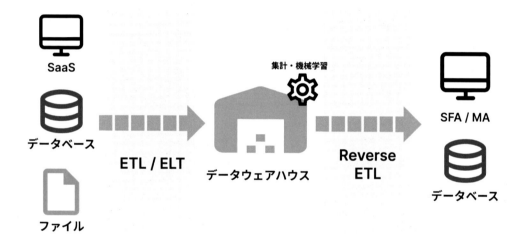

　また、近年生まれた言葉としてデータアクティベーション（Data Activation）というものがあります。収集したデータを活用できるようにしていく（活性化する）という言葉であり、この言葉が示すように近年ではデータの集積だけではなく活用にも重点が置かれています。

　Reverse ETLによってシステムにデータを戻してシステムで再度データを活用するという動きはデータアクティベーションの1つの形です。本章ではETL及びReverse ETLにまつわるツールを紹介していますが、そのうち2つはReverse ETLに特化した海外産のツールです。これら2つのツールはData Activationという単語を明確に打ち出しており、データアクティベーションという概念に対しての強い意志が伺えます。

ETL と Reverse ETL の関係性

　かつては ETL と Reverse ETL は別々の概念として語られるのが一般的でした。しかし近年ではデータが集積された後に活用されるシーンまでを想定してシステムを設計するのが一般的です。そのため、これらの2つの概念はデータ基盤とシステムのつなぎ込みのためのデータの転送という、一つの大きな概念で考えるべきでしょう。

6.2　ETL ツールを使おう

　データ活用の注目度の向上を示すように、近年では様々なツールが存在します。ETL や Reverse ETL 用のシステムは自作することも可能ですが、近年はツールを導入することが一般的になっています。

　特に基幹システムやマーケティングなどで SaaS 製品を多く利用していて、それらとデータ基盤のつなぎこみを行いたい場合には特にツールの導入を強くオススメします。

　自作でこれらを行う場合、それぞれの SaaS 製品が提供する API へのアクセスを行うデータパイプラインを SaaS 製品ごとに自作する必要があります。API の仕様は各ツールそれぞれ異なり、一律で量産できないデータパイプラインの構築と管理は長らくデータエンジニアの苦行の一つとされていました。多くのデータエンジニアが汗と涙を流しながらデータパイプラインを実装していく姿がありました（悲しいことに今もあります）。

6.3　ETL ツールの分類

　ETL ツールには様々なものがあり、導入に当たって検討すべき項目がいくつかあります。本章ではそれらの方法で ETL ツールを分類しますので、自身の状況にあったツールを選定するようにしましょう。

コーディング要求レベル

　まずは社内にデータエンジニアがいる前提のコード型と、エンジニア不要で使える環境を目指したノーコード型に分かれます。

　ETL の運用を行う方のエンジニアスキルなどをどの程度と想定するかによって採用する ETL ツールは自ずと絞られてくるので、最初に考慮すべき項目です。データエンジニアが在籍する会社であればコードベースのツールを採用することが可能ですが、エンジニア以外のメンバーが運用する必要があるのであればノーコードの ETL ツールを採用することになるでしょう。

提供形式

　ツールが提供される形式として、主にクラウドサービスとして Web からアクセスする SaaS 型と自社が管理するサーバーにインストールする必要があるセルフホスティング型があります。

　セルフホスティング型の場合には自力でサーバー構築が必要なことに加えて運用に当たってもサーバー管理が必要で、ここには少し注意が必要です。というのも、データの転送にはメモリなどのリ

ソースに加えてローカルのストレージに十分な余裕が必要となるため、サーバーリソースの管理は思ったよりも考慮することが多くなります。また、集積するデータが増えれば増えるほどワークフローの管理も必要になります。総じて、運用に要求されるエンジニアスキルや工数は想像より大きいと思っておいたほうが無難です。

　エンジニアスキルが必要な点としてはコード型と重複しますが、サーバーの管理という点でよりエンジニアスキルと労力が求められるのがセルフホスティング型ということになります。

料金体系

　ここでいう料金体系は以下の三つです。

- OSS
- 従量課金
- 月額

　OSSで提供されているものはツールの利用料金としては無料ですが、基本的にセルフホスティング型ですのでサーバー費用やサーバー運用の労力を考えると完全に無料とは言いにくいです。従量課金は最近のSaaSツールだと一般的な料金体系であり、多くのETLツールはこれを採用しています。基本的には転送したデータ量で課金されると考えると良いかと想います。主流な形ではありますが注意して利用しないと突発的に高額の費用が発生したりするので注意が必要です。月額の場合には突発的な出費は発生しませんが、十分に活用できる見通しを立ててから契約する必要があります。

日本語対応

　現在有力とされているETLツールには海外製のものがいくつかあります。この場合には採用するに当たって日本語対応の有無は重要な要素となります。有力とされているツールであっても社内に英語が堪能なメンバーがいない場合には有事の際に大きな負担となってしまうことでしょう。

ETL / Reverse ETLツールとして利用可能か？

　前述の通りでETLとReverse ETLはかつては別々の概念として語られることが多く、Reverse ETLツールと呼ばれてETLツールと明確に区別されていました。しかし、現在は多くのETLツールがReverse ETLツールとしての動きにも対応しています。本章ではSnowflakeをデータウェアハウスとして使う場合にETL及びReverse ETLとして使用可能かという観点でこの項目を記載します。

6.4　ETLツール紹介

Embulk

- コーディング: 不要
- 提供形式: セルフホスティング型

・料金体系: OSS

・日本語対応: 有

・ETL: 可

・Reverse ETL: 可

　Embulkはトレジャーデータ株式会社が提供するオープンソースのETLツールです。イルカのデザインが非常にかわいいのもグッドポイントですね。CLIのツールであり、完全にコードベースのETLツールである点が最大の特徴となります。例えばMySQLからSnowflakeへの連携を行いたい場合には以下のような設定ファイルを記載し、コマンドラインで実行することになります。

リスト6.1: Embulkの設定ファイル例

```
in:
  type: mysql
  user: <MySQL_USER>
  password: <MySQL_PASSWORD>
  database: <DATABASE>
  host: <HOST_URL>
  query: "select * from your_table"
out:
  type: snowflake
  host: <YOUR_SNOWFLAKE_HOST>
  user: <YOUR_SNOWFLAKE_USER>
  password: <YOUR_SNOWFLAKE_PASSWORD>
  warehouse: <YOUR_SNOWFLAKE_WAREHOUSE>
  database: <YOUR_SNOWFLAKE_DATABASE>
  schema: <YOUR_SNOWFLAKE_SCHEMA>
  table: <YOUR_SNOWFLAKE_TABLE>
  retry_limit: 12
  retry_wait: 1000
  max_retry_wait: 1800000
  mode: insert
  default_timezone: UTC
```

　また、Embulkのコマンドを実行するための仕組み（ジョブ実行サーバーやツール）が別途必要になります。実行管理のためのワークフローエンジンとして、Digdagというこちらもトレジャーデータ株式会社が提供するワークフローエンジンがかつてはよく併用されていました。現在であれば他にもAWS Fargateなど様々な選択肢があります。

　導入のために高いエンジニアスキルが求められますがその分汎用性は高めなので、データエンジニアがいる環境で後述のAWS Glueと並んで検討に上がります。

AWS Glue

- コーディング: 必要
- 提供形式: SaaS型
- 料金体系: 従量課金
- 日本語対応: 有るといえば有る
- ETL: 可
- Reverse ETL: 可

　AWS GlueはAWSが提供するETLツールの一つです。AWSを利用しているユーザーであれば、最も簡単に利用可能なツールです。実行するワークロードに応じた従量課金の料金体系を取ります。単純なデータロードだけであればコンソールでの操作で実装することが可能ですが、それ以外のケースや実行失敗時の対応には一定のエンジニアスキルが求められるのでノーコードで使えるETLツールと見做すべきではありません。一方でエンジニアスキルさえあれば複雑なデータ変換も実装可能なので、専門のデータエンジニアが採用できている場合には非常に有力な選択肢となります。サポートはAWSのサポートに準じますので、日本語対応が有るとみなすか無いとみなすかは利用者の環境によります。

図6.2: AWS Glue Studioの画面

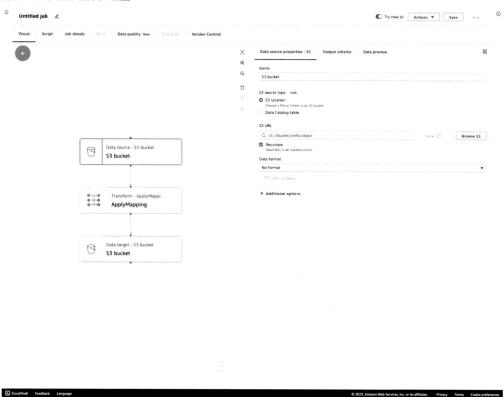

引用: https://docs.aws.amazon.com/ja_jp/glue/latest/ug/what-is-glue-studio.html (2023/10/29)

trocco

- ・コーディング: 不要
- ・提供形式: SaaS型
- ・料金体系: 月額
- ・日本語対応: 国産
- ・ETL: 可
- ・Reverse ETL: 可

　troccoは日本のprimeNumber社が開発しているETLツールであり、国内サービス向けのコネクタが充実しています。ETLツールとしての機能の他に、ワークフローエンジンとしての機能やデータカタログ機能などを備えている、総合的なデータマネジメントツールです（一部は追加の有料オプション）。troccoにはフリープランがあり、国内の知見も豊富ですので、非エンジニアが運用することが想定される場合に最初に選択肢に上がるETLツールであると言えます。Githubやdbtとの連携などの機能も備えていますので拡張性も高く、おすすめ度は高めです。

図 6.3: trocco のワークフロー管理画面

引用: https://trocco.io/lp/function/workflow.html （2023/10/29）

Fivetran

- コーディング: 不要
- 提供形式: SaaS型
- 料金体系: 従量課金
- 日本語対応: 有りよりの有り
- ETL: 可
- Reverse ETL: 不可

　FivetranはアメリカのFivetran社が提供するSaaSのETLツールです。転送したデータのレコード数に応じた従量課金の料金体系を取ります。データの転送元のコネクタが非常に多く、様々なSaaSサービスに対応しています。自社のサービスが様々なSaaSサービスを利用しており、それらのデータを集めたいという状況であれば非常に有力な選択肢になります。世界的にみると最もメジャーなSaaS型のETLツールと言えるでしょう。Terraformなどによる構成管理や、自社アプリケーションへの埋め込みなどの機能も利用可能です。一方で2023年9月現在では指定できるデータ転送先がRDBやデータウェアハウスに限られています[1]のでReverse ETLとして使うことはできません。

　海外製のサービスですが日本にも進出しており、ユーザーグループもあり、国内の知見も豊富なので他の海外製品ながら安心して使える印象です[2]。

図6.4: FivetranのGUI

引用 : https://www.fivetran.com/data-movement　（2023/10/29）

---

1. 2023年9月現在で25種
2. ただしドキュメントと管理画面は日本語非対応です。

Reckoner

- ・コーディング: 不要
- ・提供形式: SaaS 型
- ・料金体系: 月額
- ・日本語対応: 国産
- ・ETL: 可
- ・Reverse ETL: 可

　Reckonerは日本のスリーシェイク社が提供するSaaSのETLツールです。ワークフローが視覚的に作成でき、データ変換や集計処理も画面の中で設定できます。（図6.5）

図6.5: Reckoner ワークフロー作成画面

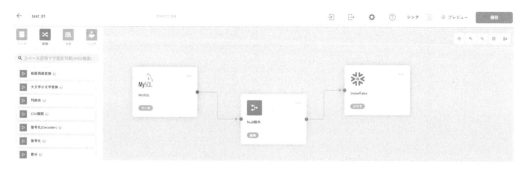

　ノーコードを全面的に押し出しているツールで、基本的にはエンジニアスキルの無い方が運用する前提で作られているツールといえます。Reverse ETLとしても利用可能ですので、エンジニア不在の会社ではtroccoなどと並んで良い選択肢になるでしょう。

Airbyte

- ・コーディング: 不要
- ・提供形式: SaaS 型 / セルフホスティング型
- ・料金体系: 従量課金 / OSS
- ・日本語対応: 無
- ・ETL: 可
- ・Reverse ETL: 可（2023/09時点では α 版）

　Airbyteは2020年に公開された新しいETLツールです。クラウドでサービスを提供するCloudと、オープンソースで自社サーバーに設置するセルフマネージドの2つの方式で提供されています。ツールとしてはノーコードになりますが、自社サーバーに設置する場合にはEmbulkに近い形で利用する形になりますので、導入と管理にエンジニアスキルが要求されます。ETLツールとしての操作自体はブラウザ上で完結しますので、サーバー管理をするSREエンジニアと非エンジニアの利用者、

というような体制でも運用できるかもしれません。OSS版もSaaS版もコンソールの見た目はほぼ同じです。残念ながら日本語画面はありませんが、シンプルなので直感的に操作できます。(図6.6)

図6.6: Airbyte OSS版

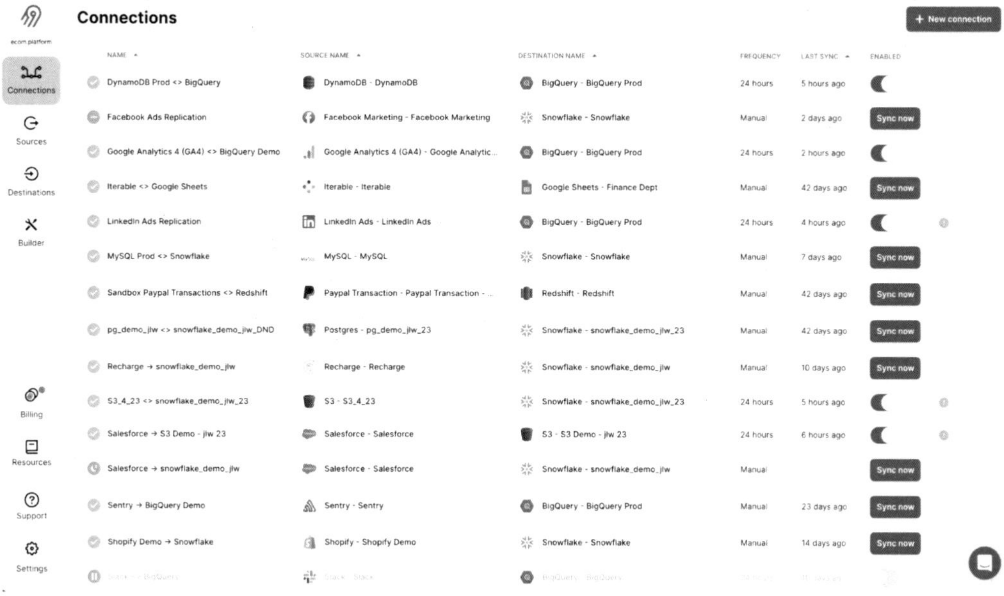

引用：https://github.com/airbytehq/airbyte（2023/10/29）

SaaS型で利用する場合にはtroccoやFivetranと近いサービスになります。この場合は使用量に応じた従量課金になりますので、Fivetranに近い形になります。Reverse ETLとしてSnowflakeをデータソースとして使うコネクタが2023年9月時点ではα版となっていますが、将来的には正式版になってサポートされることでしょう。

dbtとの連携機能なども備えており、注目されているETLツールです。現状では日本語サポートが皆無であり国内の知見も少ない状態ですが、そこさえ苦にしないのならば将来性も期待して有力な選択肢と言えるかもしれません。

Hightouch

- コーディング: 不要
- 提供形式: SaaS型
- 料金体系: 月額
- 日本語対応: 有
- ETL: 不可
- Reverse ETL: 可

Hightouch[3]はReverse ETLに特化した海外発のツールです。明確にReverse ETLツールとして押し出しているのが非常に面白い点です。ホームページに記載されている図ではHightouchが明確にReverse ETLツールとして提供されていることがわかります。

ホームページでReverse ETLという単語と並んでData Activationという単語が強調されていることからもわかるように、データ活用にフォーカスしており、データモデル機能やデータフロー機能を多く備えています（図6.7）。広告媒体などと連携し広告配信最適化を行うための機能も充実しており、Composable CDPを構築する際に採用されているケースもあります。

図6.7: HightouchのGUI

今後もデータ活用の部分に注力して機能を強化していくことが予想されますので、すでにFivetranなどでETL部分は構築できていてReverse ETL部分を強化していきたいというような状況の場合には有力な選択肢になります。

Census

- コーディング: 不要
- 提供形式: SaaS
- 料金体系: 月額
- 日本語対応: 有
- ETL: 不可（限定的な状況なら可）
- Reverse ETL: 可

CensusはHightouchと同じくReverse ETLにフォーカスしたツールです。こちらもHightouchと同じくCensus Data Activationという呼称でData Activationという単語を全面に押し出しています。データソースとしてはRDBやデータウェアハウスなど少数（2023年9月現在で19種）しか選べないのに対し、転送先としては大量のSaaSサービス（2023年9月現在で155種）から選択できることから、Reverse ETLに非常に力を入れていることが伺えます。転送元・転送先どちらとしてもSnowflakeを選択可能ですので、ETLとして特定のRDBやストレージサービスしか用いないという状況であればETLとしても利用可能です。Censusはデータモデルを管理する機能を備えており、

3.https://hightouch.com/blog/what-is-data-activation

dbt、Looker、Sigmaと連携することができます（図6.8）。

図6.8: Censusによるモデル管理画面

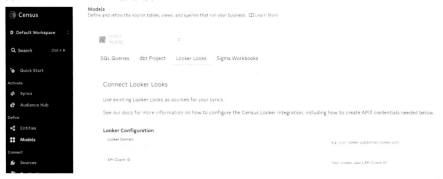

6.5 それぞれのETLツールの特徴まとめ

この章で挙げたETLツールの特徴を簡単にまとめると以下のようになります。（表6.1）

表6.1: ETLツール比較表（2023年9月現在）

ツール名	コーディング	提供形式	料金体系	日本語対応	ETL	Reverse ETL
Embulk	必要	セルフホスティング	OSS	有	可	可
AWS Glue	必要	SaaS	従量課金	環境次第	可	可
trocco	不要	SaaS	月額制	国産	可	可
Fivetran	不要	SaaS	従量課金	有よりの有	可	不可
Reckoner	不要	SaaS	従量課金	国産	可	可
Airbyte（OSS）	不要	セルフホスティング	OSS	無	可	可
Airbyte（Cloud）	不要	SaaS	従量課金	無	可	可
Hightouch	不要	SaaS	月額	無	不可	可
Census	不要	SaaS	月額	無	不可	可

本章では上記項目を取り上げましたが、選択に際してはツールがデータ収集元に対応しているか、運用者のエンジニアスキルがどの程度か、などの状況を鑑みて検討するのが良いでしょう。ETLとReverse ETLの両方の機能を兼ねたツールを採用するか、別々のツールを採用するかというのは非常に面白い議題です。総合的なツールは一気通貫で管理ができる利点がありますが、よりどちらかに特化したツールのほうが新しい状況変化に対しての対応が素早いかもしれません。HightouchやCensusがReverse ETLに特化しているのはそのような思想の現れにも見えます。そのあたりの将来性も見据えながら、自分にピッタリのツールを探してみてください。

6.6 バッチ取り込みとストリーム取り込み

ETL処理には大きく分けると二つの取り込み形式が存在します。

バッチ取り込みとは、データを一括で取り込む形式の取り込み方法です。例えば、1日に1回、データベースから全データを一括でデータウェアハウスに取り込むような場合がこれに該当します。データウェアハウスは一括でデータを取り込む方が効率的に処理が可能なため、多くの場合でバッチ取り込みを採用します。また、バッチ取り込みの場合、取り込み後のデータ処理のフローもシンプルになります。

ストリーム取り込みとは、データを逐次的に取り込む形式の取り込み方式です。例えば、データベースに新しいレコードが追加されたら、そのレコードを都度データウェアハウスに取り込むような場合がこれに該当します。ストリーム取り込みは、リアルタイム性が高く、データウェアハウス内のデータを常に最新の状態に保つことができます。ユーザーに対して常に最新のデータを提供できる一方で、取り込み時のコストや、取り込み後のデータ処理の複雑性が高い方式になります。Snowflakeにおいては、**Snowpipe Streaming**という機能を利用することでストリーム取り込みを実現することができます。

ニアリアルタイムのデータ取り込みを実現するためには、ストリーム取り込みに近いアーキテクチャを採用する必要があります。ETLツールの中にはニアリアルタイム取り込みに対応しているツールも存在します。このセクションでは、データベースからのニアリアルタイムデータ取り込みの方法について紹介します。

変更データキャプチャ

通常のバッチ取り込みでは全て又は特定の範囲のデータ（例えば、前回の取り込み時以降に更新されたレコードなど）を探索して、そのデータをデータウェアハウスに取り込みます。この方法ではデータベースへの負荷が大きすぎたり、削除されたレコードの捕捉ができないなどの問題があります。

変更データキャプチャ（Change Data Capture; CDC）は、リアルタイムデータ取り込みを実現する方法の一つです。CDCによるデータ転送はデータそのものを直接データウェアハウスに転送するのではなく、データの変更履歴を転送してデータウェアハウスで再現することでデータ転送を実現します。イメージとしては、データベースにおけるレプリケーションの概念を、データベース・データウェアハウス間に拡張したものともいえます。レコードの追加・更新・削除の際に、その変更履歴データが生成され、それをデータウェアハウスに取り込むことで、データウェアハウス側でデータの同期を行うことができます。

例えばAWSにおいて以下のようなデータパイプラインを実装すると、CDCによるデータ転送が実現可能です（図6.9）。

・RDSからData Migration Service（DMS）を用いてCDCデータをS3に転送し続ける設定を行う
・Snowpipeを用いてS3にファイルが配置され次第Snowflakeにデータを同期する
・Snowflake上でCDCから現在の状態を再現する

図6.9: AWSで構築したCDCによるデータパイプライン

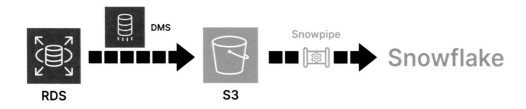

DMSはRDS上で変更があったレコードに`INSERT,UPDATE,DELETE`のいずれかのデータを付与して
S3にデータを転送します。その情報をもとにSnowflake上で主キーごとに最新のレコードの状況を
再現できます（図6.10）。

図6.10: CDCによるデータソースのテーブルの再現

転送されたCDCのログ

id	score	updated_at	type
1	100	2023-01-01T13:00	I
2	200	2023-01-01T14:00	I
1	70	2023-01-01T15:00	U
2	150	2023-01-01T16:00	I

再現されたテーブル

id	score	updated_at
1	70	2023-01-01T15:00
2	200	2023-01-01T14:00
2	150	2023-01-01T16:00

前述したETLツールにも、CDCでのデータ転送に対応しているものもあります。GCPはかねて
よりデータ基盤についてはPub/Subを用いたCDCによるデータ同期のシステムを推奨しています。
ただし基本的にニアリアルタイムのデータ取り込みは複雑なシステムになりがちで、データの不整
合などを招きやすいアーキテクチャになります。例えば、CDCでは、処理すべき変更履歴レコー
ドが一行漏れているだけで、該当データはずっとデータベースとずれた状態でデータウェアハウス
に格納される状態が続きます。バッチ処理により毎日取り込み直しを実施している場合には、一度
データにずれが発生しても翌日には自動で復旧します。また、ニアリアルタイム取り込みを最下流
のデータセットにまで反映させるためには、データパイプライン全体でのデータ集計をリアルタイ
ムに近づける必要があります。多くのデータソースに依存している集計処理の場合、全てのデータ
ソースの取り込みをニアリアルタイム化する必要があります。集計処理もニアリアルタイムに対応
できるよう、差分データに対してのみ再集計するなどの処理機構が必要となります。

多くのデータ分析処理は、その後の意思決定に利用されます。その意思決定が数分〜数時間ごと
に行われる場合にはニアリアルタイム性が重要ですが、そうでない場合はバッチ取り込みを採用で
きないか検討してみてください。

Zero ETL

　近年、データベースやデータレイクをデータウェアハウスを一体化させる動きも出てきています。これにより、そもそもETL処理が不要になってくる世界が来るかもしれません。2022年の12月にAWSがAurora MySQLとRedshiftの間での「Zero ETL」統合を発表して大きな話題になりました。AWSはAurora MySQLとRedshiftの間でシームレスなデータ同期を行うことによりETL処理を作成せずともデータベースのデータをデータウェアハウス上でリアルタイムに分析することが可能になります。ただし、AWSはアプリケーション用のDBであるAuroraとデータウェアハウスであるRedshiftをあくまで別物と考えています。

　一方、SnowflakeはUnistoreという概念で両者を同一のプラットフォーム上に統合することを試みています。Unistoreを実現する中核的な存在として、ハイブリッドテーブルという機能を発表しています。ハイブリッドテーブルは、Snowflake内に構築できるOLTP型のテーブルで、行レベルのデータ処理を高速に行うことができるため、データベースを代替することが可能です。SQLを書くだけでハイブリッドテーブルから通常のSnowflakeのテーブルにデータを移すことができるため、ETLツールを利用する必要がなくなります。また、TiDB[4]やMySQL HeatWave[5]といった、Unistoreに近い機能を持つデータベースも注目を集めてきています。これらのOLTPとOLAPを融合させたワークロードのことをHTAP（Hybrid Transactional and Analytical Processing）と呼びます。

　また、データベースだけに限らず、SaaSツールなどとのネイティブ統合の取り組みも進んでいます。例えば、SalesforceはSnowflakeとのデータシェアリングベースのネイティブ統合を発表しています[6]。この統合により、SalesforceのデータをSnowflakeに簡単に同期できたり、逆にSnowflakeからSalesforceのデータを変更できるようになります。また、Snowflake Native Applicationを利用した、MySQLやPostgresとのネイティブコネクタの開発も進んでいます[7]。

リアルタイムデータ基盤という理想郷

　CDCによるデータ転送もZeroETLもリアルタイムな同期を実現するための手法であり、リアルタイムなデータ基盤はデータ基盤構築者が目指す一つの到達点です。AWS、GCP、Snowflakeの3社がそれぞれの思想で別々の方法でリアルタイムデータ基盤を実現しようとしているというのは、非常に興味深いですね。

　データパイプラインの管理はデータエンジニアの苦行の一つなので、Zero ETLが実現すれば多くのデータエンジニアが歓喜の涙を流すことが予想されます。それと同時にリアルタイムのデータ基盤はデータ利用者からよく求められる要素であり、実現の難しさを説明するのもまたデータエンジニアの苦行の一つでした。そのため、Zero ETLはデータエンジニアにとっては夢のようなシステムだと言えるでしょう。

4.https://pingcap.co.jp/

5.https://www.oracle.com/jp/mysql/heatwave/

6.https://www.snowflake.com/news/salesforce-and-snowflake-make-data-sharing-based-integration-generally-available-helping-customers-with-data-driven-engagement/

7.https://www.snowflake.com/blog/native-app-framework-available-developers-aws/

6.7　本章でのまとめ

　本章ではデータ基盤とシステムの連携における重要な概念であるETL及びReverse ETLについて紹介しました。これらはデータを収集して活用していくデータ基盤の根幹になる部分ですので、どちらも設計段階から組み込んで構成を検討するのが望ましいでしょう。それに加えて本章では、近年生まれている新しいアプローチであるCDC及びZero ETLを紹介しました。今後のデータ基盤ではデータ活用にさらに重点が置かれるようになることが予想されます。その中で、データの新鮮さがより重視されるかもしれません。そうなればデータの集積と活用にリアルタイム性が求められるようになるでしょう。

　ETLという概念をもとにデータ基盤を構築しながら、求められる局面ではCDCやZero ETLのようなアプローチで要望に答えていくというのが今後のデータ基盤のトレンドになるように思います。システムの設計及びツール選定において、本章がその一助になれば幸いです。

第7章　データオーケストレーション

||||||||||||||||||||||||||||||||||||||||||||||||||||||||||||||||||||||||||||||||||||||||||||||||||||

データ基盤は、第5章「実践的データ基盤の構築」で紹介したdbtや、第6章「ETLとReverse ETL」で紹介したETLシステムなど、多くのツールを利用して構成されています。それらの全体を管理し、適切にデータパイプラインを運用していくためには、それらのツールを組み合わせて実行することができる環境が必要です。古くはワークフローエンジン、近年ではデータオーケストレーションツールと呼ばれるシステムがその役割を果たします。本章では、データオーケストレーションツールに求められる役割や、よく使われるツールについて紹介します。

||||||||||||||||||||||||||||||||||||||||||||||||||||||||||||||||||||||||||||||||||||||||||||||||||||

7.1　はじめに

　データ基盤がこれほど一般的になる前には、ワークフローエンジンを主に利用し、データ基盤の各種システムの連携を構築していました。例えば、データの取り込みを実行した後にデータを集計する、と言うワークフローを構築したい場合を考えてみます。データの取り込みを実行するプログラム（Embulkなどをイメージしてみてください）を実行し、その後にデータウェアハウス上での集計プログラムを実行する必要があります。複数のシステムを連携させる必要があり、ワークフローエンジン上で、呼び出すシステムの順番など設定し、ワークフローエンジンが各システムを実行していきます。

　ワークフローエンジンは、データ基盤の実行だけに限らず、アプリケーションのデプロイパイプラインや、アプリケーションのバッチ処理の実行フローなどにも用いることができます。そのため、データ基盤に特化した作りにはなっていない分自由度は高いものの、実装コストや管理コストが高くなったりすることがあります。

　近年は、データ処理のワークフロー管理を中心においたツールも増えてきました。それらのツールは、単なるワークフローエンジンではなく、データオーケストレーションツールと呼ばれます。データオーケストレーションとは、データに関する管理・運用を自動化する、という意味になります。複数のデータソースからデータを取り出し、データを加工し、データを保存するという一連の処理を、自動化することを目的としています。これらのツールは、一連のデータパイプラインに用いられる各ツールに標準で対応していたり、データパイプライン特有の課題にフォーカスした機能を提供しています。そのため、単なるワークフローエンジンに対して、データパイプラインの構築という面では優れていることが多いでしょう。また、データオーケストレーションツールは、データパイプラインの他、MLパイプラインの構築にも利用することができます。

7.2 求められる役割

データオーケストレーションツールを検討するにあたり、以下のような点が考慮すべき点として挙げられます。

- 対応しているインテグレーションの幅
- 課金体系
- コーディングの量
- 開発のしやすさ、テストのしやすさ
- 学習コスト
- 可観測性（ロギング、通知、モニタリング）
- 再実行性
- 機能性（イベントベース、DAGベース、UI/UX etc）

ワークフローツールの選定基準はさまざまあると思いますが、個人的にはローカル開発やテストのしやすさや、コード管理の楽さといった開発体験の良さを基準に選択すると良いと考えています。立ち上げが楽なツールだとしても、コード管理やテストが難しい場合、中長期では技術的負債になる可能性が高いためです。

7.3 具体的なツール

データオーケストレーションに利用できる具体的なツールについて紹介します。もちろん、ここに挙げたツール以外にも選択肢が存在しますが、おおよその全体感を掴めるよう絞って紹介します。

Apache Airflow

おそらく最も使われているワークフローツールは **Apache Airflow**[1]です。現在はApache Software Foundation配下のOSSプロジェクトであり、2014年から開発されてきています。最も一般的なワークフローエンジンであり、参考資料などは多いです。DAG（有向非巡回グラフ）ベースのワークフローを構築でき、Pythonでのコーディングが可能です。ただし、近年のデータオーケストレーションでは不向きな点も多く、後述するツール群はAirflowの不便さを克服するために開発されたツールです。

リスト7.1: Airflowでのコード例

```python
# 必要なライブラリを読み込む
from datetime import datetime, timedelta
from airflow import DAG
from airflow.operators.dummy_operator import DummyOperator
from airflow.operators.python_operator import PythonOperator
```

1.https://airflow.apache.org/

```python
# タスクで実行されるPython関数を定義
def execute_task1():
    print("タスク1が実行")


def execute_task2():
    print("タスク2が実行")


# DAGの設定
default_args = {
    'owner': 'airflow',
    'depends_on_past': False,
    'email_on_failure': False,
    'email_on_retry': False,
    'retries': 1,
    'retry_delay': timedelta(minutes=1)
}


dag = DAG(
    'simple_pipeline',
    default_args=default_args,
    description='Airflowを使ったシンプルなパイプラインサンプル',
    schedule_interval=timedelta(days=1),
    start_date=datetime(2023, 1, 16),
    catchup=False
)


# タスクの定義
task1 = PythonOperator(
    task_id='task1',
    python_callable=execute_task1,
    dag=dag
)


task2 = PythonOperator(
    task_id='task2',
    python_callable=execute_task2,
    dag=dag
)


# タスク間の依存関係を設定
```

```
task1 >> task2
}
```

なお、AWS Managed Workflows for Apache Airflow などのパブリッククラウドでのマネージド環境を利用することも可能です。

AWS Step Functions

各パブリッククラウドが提供するワークフローエンジンも検討可能です。例えば、AWS Step Functions は、AWS Lambda をはじめとして、各 AWS サービスとの連携が非常にうまくできるため、AWS サービス群との連携は最も優れています。一方、多くのコーディングが必要である他、データパイプラインの管理という面では使いやすい機能はほとんど提供してくれません。実装できることの自由度は非常に高いものの、実装コスト・運用コスト共に高くつきやすいでしょう。

Argo Workflows

Argo Workflows[2] は、Kubernetes ベースの OSS のワークフローツールです。Kubernetes のマニフェストファイルを利用してワークフローを定義します。コンテナベースのワークフローを構築できるため、使用する言語の制限はありません。データオーケストレーションに特化したワークフローエンジンではなく、より汎用的なワークフローエンジンとして使えます。

リスト 7.2: Argo Workflows でのコード例

```
apiVersion: argoproj.io/v1alpha1
kind: Workflow
metadata:
  generateName: dag-diamond-
spec:
  entrypoint: diamond
  templates:
  - name: echo
    inputs:
      parameters:
      - name: message
    container:
      image: alpine:3.7
      command: [echo, "{{inputs.parameters.message}}"]
  - name: diamond
    dag:
      tasks:
```

2.https://argoproj.github.io/argo-workflows/

```
  - name: A
    template: echo
    arguments:
      parameters: [{name: message, value: A}]
  - name: B
    dependencies: [A]
    template: echo
    arguments:
      parameters: [{name: message, value: B}]
  - name: C
    dependencies: [A]
    template: echo
    arguments:
      parameters: [{name: message, value: C}]
  - name: D
    dependencies: [B, C]
    template: echo
    arguments:
      parameters: [{name: message, value: D}]
```

Prefect

Prefect[3]は2018年にリリースされたワークフローツールで、Airflowの不便さを克服するために開発されました[4]。OSS版とSaaS版が存在します。Pythonでのコーディングが可能で、以下のような書き方でワークフローを定義できます。taskデコレーターや、flowデコレーターなどを利用して、タスクやワークフローを定義します。Airflowに比べ、標準的なPythonの記法を採用しているため、学習コストを低く抑えられるでしょう。

リスト7.3: Prefectのコード例

```
from prefect import flow, task
from typing import List
import httpx

@task(retries=3)
def get_stars(repo: str):
    url = f"https://api.github.com/repos/{repo}"
    count = httpx.get(url).json()["stargazers_count"]
    print(f"{repo} has {count} stars!")
```

3.https://www.prefect.io/

4.https://docs-v1.prefect.io/core/about_prefect/why-not-airflow.html#the-scheduler-service

```
@task(retries=3)
def test():
    raise "Error"


@flow(name="GitHub Stars")
def github_stars(repos: List[str]):
    for repo in repos:
        get_stars(repo)

    test()



if __name__ == "__main__":
    # run the flow!
    github_stars(["PrefectHQ/Prefect"])
```

後述するDagsterに比べて、比較的シンプルな記述でワークフローを構築することができます。

Dagster

Dagster[5]は2019年ごろから開発がはじまったワークフローツールです。こちらもAirflowの不便さを克服するために開発されました[6]。こちらも、Prefectと同じく、OSS版とSaaS版が存在します。Pythonでのコーディングが可能で、以下のような書き方でワークフローを定義できます。

リスト7.4: Dagsterでのコード例

```
from dagster import FilesystemIOManager, graph, op, repository, schedule
from dagster_docker import docker_executor


@op
def hello():
    return 1


@op
def goodbye(foo):
    if foo != 1:
        raise Exception("Bad io manager")
    return foo * 2
```

5.https://dagster.io/

6.https://dagster.io/blog/dagster-airflow

```
@graph
def my_graph():
    goodbye(hello())


my_job = my graph.to_job(name="my_job")

my_step_isolated_job = my_graph.to_job(
    name="my_step_isolated_job",
    executor_def=docker_executor,
    resource_defs={"io_manager": FilesystemIOManager(base_dir="/tmp/io_manager_s
torage")},
)


@schedule(cron_schedule="* * * * *", job=my_job, execution_timezone="US/Central")
def my_schedule(_context):
    return {}


@repository
def deploy_docker_repository():
    return [my_job, my_step_isolated_job, my_schedule]
```

Dagsterはローカルテストやブランチデプロイメント（SaaS版のみ）がしやすかったり、dbtとの連携に優れている点などが特徴的です。非常に多機能ではありますが、概念が多かったり記述が複雑になりやすい特性があり、学習コストは高めと言えます。

Kestra

Kestra[7]は、YAMLベースでタスクを定義することができるワークフローツールです。Argo Workflowsに似ていますが、Kubernetesの記法に依存しない点が違いになります。OSS版とSaaS版が存在します。Pythonベースで記述量が多くなりやすい他のツールに比べて、YAMLで記述できる分シンプルな記述でワークフローを作成できます。実際の処理はYAML上に記述するか、Dockerイメージなどに固めて実行させるような形になります。

リスト7.5: Kestraでのコード例
```
id: bash-docker-with-files
namespace: io.kestra.demo

description:
  This flow will use the `alpine` Docker image, install a package and decompress
```

7.https://kestra.io/

```
a file passed as input.
  It will also export the file size as metrics and the `mineType` of the file as
outputs.

inputs:
  - name: gzip
    description: A valid Gzip to be decompressed.
    type: FILE

tasks:
  - id: unzip_file
    type: io.kestra.core.tasks.scripts.Bash
    outputFiles:
      - uncompress
    inputFiles:
      downloaded.zip: "{{ inputs.gzip }}"
    commands:
      - apk add file
      - gunzip -c downloaded.zip > {{ outputFiles.uncompress }}
      - |
        echo '::{"metrics": [{"name": "size", "type": "counter", "value": '$(wc
-c < {{ outputFiles.uncompress }})'}]}::'
      - |
        echo '::{"outputs": {"mineType":"'$(file -b --mime-type {{
outputFiles.uncompress }})'"}}::'
    dockerOptions:
      image: alpine
    runner: DOCKER
```

mage

　mage[8]は、Pythonベースで記述することができるワークフローツールです。現在はOSS版のみが
存在します。2020年から開発が始まり、2023年10月時点での最新バージョンは0.9.30です。ワーク
フローエンジンとしての機能を持ちますが、ETLツールとしての機能も含んでおり、データパイプ
ライン全体をmage上で構築することができます。Webブラウザ上のIDEによるパイプライン構築
などが可能で、開発者体験に焦点を置いているツールになります。他のツールとの統合はあまり意
識されておらず、単体でETL全てのワークフローを構築することを想定しています。

8.https://www.mage.ai/

図7.1: Mage の Web ブラウザ上の IDE

Apache NiFi

Apache NiFi[9]は、Apache Software Foundation 配下の OSS ワークフローツールです。NiFi は GUI 上でワークフローを構築でき、多くのコンポーネントがあらかじめ用意されているため、コードを記述せずにワークフローを構築できるツールになっています。なお、GUI ベースのワークフローツールは世の中に数多く存在し、SaaS 製品として提供されているものが多い印象です。[10]

その他の選択肢

ワークフロー機能は、さまざまな製品にパッケージとして含まれていることもあります。例えば、trocco や integrate.io などの一部の ETL ツールには、ワークフロー機能が搭載されているケースもあります。自社で既に導入済みのツールにワークフロー機能がある場合には、そちらを利用することも検討できます。

9.https://nifi.apache.org/index.html

10.Alteryx や Qlik、trocco などの統合プラットフォーム製品の一部として提供されていることが多い印象です。

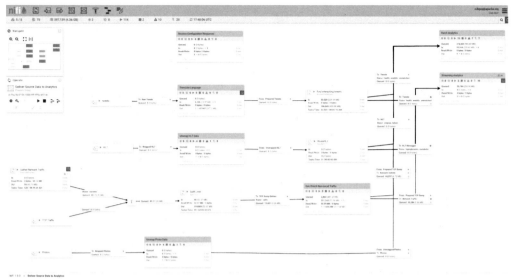

引用：https://nifi.apache.org（2023/10/29）

7.4 データパイプラインのインフラ管理

　データパイプライン上には、ETLツールや、データオーケストレーションツール、BIツールなどさまざまなツールが導入されます。SaaSサービスを利用すればインフラの管理は不要であることがほとんどですが、OSSを利用して構築する場合には、インフラ管理が必要になります。

　Plural[11]は、OSSのインフラ管理および監視をするためのツールです。本書で紹介している各種OSSツールをPluralが管理するコンテナ上でホストすることが可能で、PluralのWebコンソール上から各コンテナの状況を確認することができます。OSSのバージョンアップなども簡単にできるようにサポートされています。例えば、AirbyteやAirflow、DagsterなどのツールをPlural上からホスティングすることができます。自前のパブリッククラウド上にさまざまなOSSアプリケーションを構築する場合に、Pluralを利用してホスティングしておくことで、管理が便利になります。OSS版とSaaS版が存在します。

　モダンデータスタックの課題の一つとして、大量のツールを組み合わせることによる管理コストの増大や、ワークフローの変更は容易になった代わりに壊れやすいという点があります。Pluralはあくまで一例ですが、今後はこのようなツールの管理課題をどのように克服するかがデータエンジニアリング領域の一つのテーマになってくるでしょう。

7.5 まとめ

　本章では、データパイプラインを構築するためのツールを紹介しました。データパイプライン管理

11.https://www.plural.sh/

はデータ基盤のインフラストラクチャを支える重要な要素です。自社のユースケースに最適なワークフローツールの選定に、本章の内容が役に立っていれば幸いです。

第8章　BIツール

||||||||||||||||||||||||||||||||||||||||||||||||||||||||||||||||||||||||||||||||||||||||||||||||||||||||||||||||||||

BI（Business Intelligence）ツールはデータウェアハウスから抽出したデータを可視化し、詳細解析するためのインターフェースを提供してくれるツールです。 データマートとして整形したデータを活用していくにはBIツールを導入するのが一般的です。

この章では代表的なBIツールをリストアップし、それぞれの特徴について解説します。

||||||||||||||||||||||||||||||||||||||||||||||||||||||||||||||||||||||||||||||||||||||||||||||||||||||||||||||||||||

8.1　BIツールを使おう

　Snowflakeに集積したデータを利活用するためには、データを抽出して人が解釈しやすい形に可視化する必要があります。このために使うツールがBIツールです。

　BIツールは画面上でデータの抽出の設定を行い、抽出されたデータを画面上のままグラフなどの形で可視化してくれるツールです（図8.1）。

図8.1: Metabaseによるデータ抽出と可視化

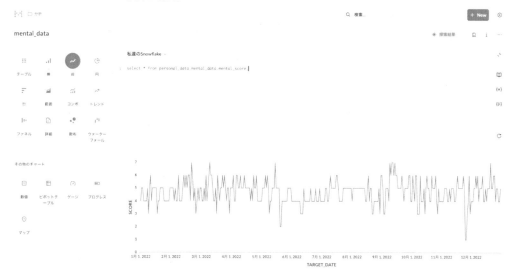

　BIツールが登場する前は抽出したデータをローカルにダウンロードした上でExcelなどでグラフにする必要がありましたが、BIツールがあればそういった可視化をローカルにデータをダウンロードする必要なく行ってくれます。

　日々の業務に数値を取り入れていわゆるデータドリブンな運用を行っていくためにはBIツールの

導入と、日々のKPIを参照するダッシュボードを作成するのが一般的です。

第3章の例で行ったように、Snowflakeのウェブコンソールである Snowsight のダッシュボードはこの機能を備えています。しかし、Snowsight のダッシュボードは機能があまり多くないため、現状では他の優れたBIツールを導入することをおすすめします。

8.2　BIツールの分類

世の中にはたくさんのBIツールが存在しますが、その中からどれを選ぶのが良いでしょうか？それを考えるために、まずはBIツールを分類してみましょう。BIツールは大きく以下のような軸で分類されます。

コードの要求度

ここで記載しているコードというのは主にデータの加工に用いるSQLになります。BIツールはデータを実際に活用する立場のユーザーの日々のコードの要求度に合わせて以下のように分かれます。

ハイコードのBIツールはユーザーの日々の作業でSQLを書くことが必須になります。SQLでデータを抽出し、そのデータをグラフ化するという流れになります。

それに対してノーコードのツールではユーザーは日々の作業でSQLを書く必要がありません。ただし、これらのツールでは事前にデータをそのBIツールが要求するレベルまで整形する必要があることが多く、ツール整備担当者の労力は増えます。

少し前まではハイコードとノーコードの2種類が主流でしたが、近年になって登場したのがローコードのBIという概念です。ローコードはツールではなくフレームワークであり、Pythonなどのプログラミングを用いてダッシュボードを自作することになります。この分類についてだけはコードという言葉が指すものはプログラミング言語になります。近年ではライブラリの充実により、このダッシュボード作成を非常に少ないコードで実現できるため、ローコードと呼ばれています。詳細はこの分類のツールの紹介の項で解説します。

データの深掘り方法

ユーザーがデータソースである Snowflake からデータを抽出し、それを更に深ぼっていくためインターフェイスがどの様になっているかははBIツールを特徴づける一つの要素となります。ユーザーがSQLを書く必要があるかというのが最も大きな分岐点ですが、以下のような形態に分けられるでしょう。

・SQLを記述してデータを集計する形式
・GUIでドラッグ&ドロップ操作をして深堀りしていく形式
・表計算シートを利用して集計する形式
・自然言語で問い合わせる形式

二つ目以降は、SQLの知識が不要であるため、利用ハードルが低いです。ただし、この形式で利用できるようにデータ自体を事前にある程度成形してデータマートの形にしておくことが必要なことが多く、いずれにせよデータ整備のためにはSQLからは逃げられません。ただ、データ整備を行うエンジニアのみがSQLを書いておけばよい状況にはなりますので、社内ユーザーのハードルは下がります。また、「自然言語で問い合わせる形式」についてはLLMの進化とともに今後さらなる発展が見込まれますので、目が離せない要素でもあります。

提供形式

BIツールの提供方法として、SaaS形式で提供元のクラウドにログインする形、自社でサーバーを用意して設置する形、ローカルPCにインストールする形があります。

SaaS形式で提供されているものが一番導入が簡単ですが、データソースとの接続のためにセキュリティ上難しい場合もあります。ただし、Snowflakeをデータウェアハウスとして利用している場合はそこまで問題にはなりませんので、まずはSaaS型のBIツールを検討するのがおすすめです。

セルフホスティング型は主に無料のOSSのBIツールでよく見られる形式で、この場合はホスティングサーバーを自社で用意する必要があります。最近だとDockerで簡単に設置できる形がほとんどですので、自社に一切エンジニアがいないという場合以外はインストールに苦戦することはそこまで考えなくて良いですが、サーバー費用がかかる点と管理が必要な点は考慮する必要があります。サーバー自体を自分たちで管理することになるので管理工数はかかりますが、接続元のIPを制限するなどしてセキュリティを強めやすいという利点があります。

インストール型は歴史の長い有料のBIツールで見られる形式で、ローカルPCにソフトをインストールして利用することになります。集計などの処理をそれぞれのPCで行うためPCスペックが必要になったり、集計後のデータがそれぞれのローカルPCに保存されて共有しにくかったりなどといった事情から、個人的にはあまりオススメしません。

最近だとインストール型のBIツールは同時にSaaS型などの別の方式も提供していることが多いです。このように複数の形で提供していているものも多いので選択の際には参考にしましょう。

料金体系

有料で提供されているBIツールと、OSSなどで無料で提供されているBIツールがあります。もちろん有料のBIツールの方が多機能ですが、無料のBIツールでもかなりの範囲のことができます。有料のツールの場合は料金体系として月額制と従量課金があります。本章では無料、月額、従量課金の3つに分類します。

8.3　ハイコード

Redash

- データの深掘り方法: SQL直書き
- 提供形式: セルフホスティング型

・料金体系: 無料

　Redashはオープンソースのbiツールの代表と言えるツールです。かつてはSaaS型でも提供されていましたが、DatabricksにM&Aされたこともあり、2021年にSaaS型はサービス終了しました。現在はセルフホスティング型での利用のみとなります。手軽に導入できるBIツールであり活用事例も豊富なので、まずは何か使ってみたいとなったら候補に挙がります。

　データソースにSQLを発行してデータを取得する形式なので、利用にはSQLの知識が必須となります。このため、ユーザーにSQLが浸透していない場合には別の選択肢を探ることになります。

図8.2: Redashでのクエリ作成画面

引用: https://redash.io/product（2023/10/29）

Metabase

・データの深掘り方法: SQL直書き
・提供形式: セルフホスティング型
・料金体系: 無料

　Redashと非常によく似た特徴を持つBIツールで、MetabaseもSQLを発行してデータを取得する形式です。セルフホスティング型とSaaS型があり、後者は有料となります。Redashが赤を基調にしているのに対してMetabaseは青を基調にした色使いなので、寒色系が好みであればRedashよりも先に選択肢に上がります。ダッシュボードの購読（Dashboard Subscription）と呼ばれる機能があり、定期的にメールやSlackなどでレポートを送信することができます（図8.3）。

図 8.3: Metabase から Slack への定期レポート

　その他にもデータモデル機能があったり画面上で集計したデータの可視化をできたりと、色々な機能を備えています。

8.4　ノーコード

Looker Studio

- ・データの深掘り方法: GUI
- ・提供形式: SaaS
- ・料金体系: 無料

　Looker Studio はもともとは Google データポータルと呼ばれるサービスでしたが、2022年10月から Looker Studio という名前になりました。Google アカウントがあれば始められるサービスで、無料で利用できます。

　Looker という名前が付いていますが、後述の Looker が備えている最大の特徴である LookML を使わないので完全に別物です。データ抽出や深堀りは GUI で行うことができます。

　SQL の知識がないメンバーが利用することが想定されますが、その分データを事前に成形しておくことが前提となります。数名のメンバーがデータを整形し、残りのメンバーがそれを活用する、という体制が取れるのであれば有力な候補です。

　グラフを作っていく使用感としては後述する Tableau にかなり近いものがあります（図8.4）ので、SQL 直書き形式ではない無料ツールとしての導入に向いています。無料でできることが多く、かなりおすすめのツールです。

図8.4: Looker Studio グラフ作成画面

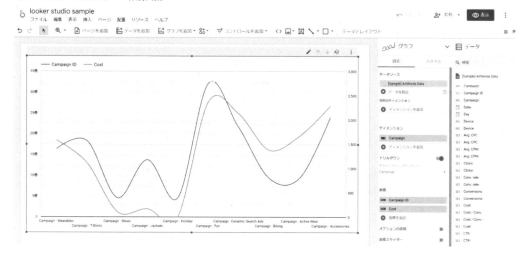

Lightdash

・データの深掘り方法: GUI

・提供形式: SaaS/セルフホスティング

・料金体系: 月額/無料

　Lightdashはデータの加工・変換を行うツールであるdbtと組み合わせての利用が前提となるやや特殊なBIツールです。dbtでデータの定義を事前に設定しておき、その定義を元にGUIでデータを分析していく形になります。

　定義を事前に設定しておくという構造から、後述するLookerと非常に近い特徴を持つBIツールと言えます。ユーザーの間での言葉の定義を揃えやすいためデータガバナンスに強い一方で、事前の整備に非常に労力を必要とします。データガバナンスの必要性が高く、かつdbtをすでに導入済みであれば有力な候補になります。

図 8.5: Lightdash でのデータ探索

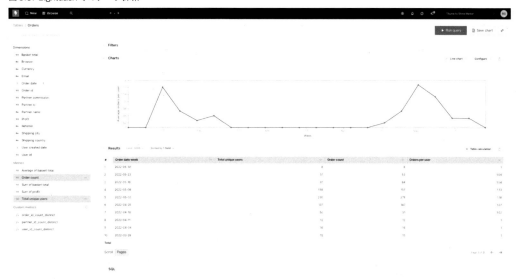

　利用にあたってdbtとの連携が必須なので、ある程度エンジニアリングができるメンバーがいない場合には採用が難しいかもしれません（図8.6）。

図 8.6: Lightdash で最初の離脱ポイント

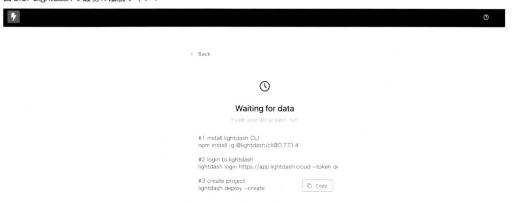

　SaaS型とセルフホスティング型があり、前者は有料で後者は無料です。元々エンジニアリングができるメンバーがいる想定で使うツールなので、まずはセルフホスティング型で使用感を試すのが良いでしょう。

Tableau

・データの深掘り方法: GUI
・提供形式: SaaS/ローカルインストール
・料金体系: 月額

Tableauはとても歴史のあるBIツールです。ビジュアライゼーション部分とGUIでのデータの深掘り機能（ドリルダウン）が特に優秀です。ローカルのPCにインストールするTableau DesktopとSaaS型のTableau Cloudの2つの形で利用できます。

図8.7: Tableauでのビジュアライゼーション

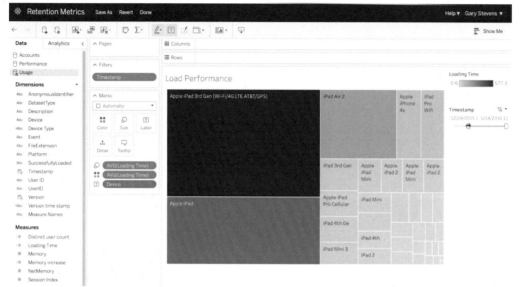

　また、Tableauの大きな特徴としてコミュニティ[1]が非常に活発なことが挙げられます。コミュニティから多くの知見を得られることはTableauを選ぶ利点の一つです。有料のツールを導入する際には最初に候補にあがるツールと言えます。

　また、DATA SABER[2]と呼ばれるデータアナリストのコミュニティもこのTableauコミュニティが発祥です。データ分析やデータ活用で行き詰まった場合に豊富な知見に頼ることができるのは良い点です。

Looker

・データの深掘り方法: GUI

・提供形式: SaaS

・料金体系: 月額

　Lookerの特徴はなんといってもLookMLという機能です。LookMLという専用の形式でデータの定義を事前に設定しておき、その定義を元にデータを深ぼっていく形式になります。良くも悪くもこのLookMLを扱えるかがLookerを選択するかどうかの最大の決め手になります。

　例えば以下のような設定ファイルをデータやデータの組み合わせの数だけ書く必要があります。

1.https://jtug.jp/

2.https://datasaber.world/

（公式ドキュメント[3]より）

リスト8.1: LookML例

```
view: orders {
  dimension: id {
    primary_key: yes
    type: number
    sql: ${TABLE}.id ;;
  }
  dimension: customer_id {
    sql: ${TABLE}.customer_id ;;
  }
  dimension: amount {
    type: number
    value_format: "0.00"
    sql: ${TABLE}.amount ;;
  }
  dimension_group: created {
    type: time
    timeframes: [date, week]
    sql: ${TABLE}.created_at ;;
  }
  measure: count {
    type: count          # creates sql COUNT(orders.id)
    sql: ${id} ;;
  }
  measure: total_amount {
    type: sum            # creates sql SUM(orders.amount)
    sql: ${amount} ;;
  }
}
```

　Lightdashの項でも言及したように、この形式は事前にデータの定義を設定しておく都合上、ユーザー間で言葉の定義が揃います。そのため非常にデータガバナンスに優れています。一方で事前のデータの整備に非常に労力がかかりますので、そこで躓くことも多いです。

　LookMLを扱うことが可能であり、自社がデータガバナンスを特に重視する場合には選択肢に上がるでしょう。また、第六章で紹介したいくつかのETLツールはデータモデリング機能としてLookMLとの連携が可能です。相性の良いETLツールを導入済みもしくは検討中であれば有力な候補になります。

3.https://cloud.google.com/looker/docs/lookml-terms-and-concepts?hl=ja

AWS QuickSight

・データの深掘り方法: GUI

・提供形式: SaaS

・料金体系: 従量課金

AWS QuickSight は AWS が提供する SaaS 型の BI ツールです。Tableau や Looker と同じく優秀なビジュアライゼーション機能を持ちます。

Tableau や Looker との主な違いは料金体系であり、それらが年間での定額課金なのに対して QuickSight は従量課金の形式を取ります。そのため、有料ツールの中では比較的気軽に利用を開始しやすいツールとなります。

図 8.8: QuickSight でのビジュアライゼーション

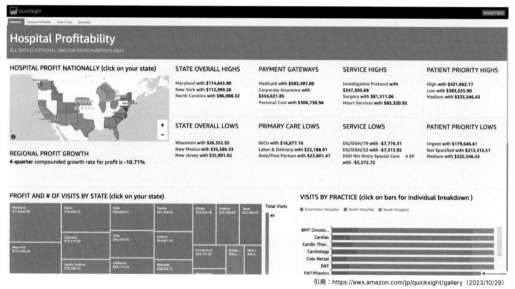

引用：https://aws.amazon.com/jp/quicksight/gallery （2023/10/29）

ThoughtSpot

・データの深掘り方法: 自然言語

・提供形式: SaaS

・料金体系: 月額

ThoughtSpot はデータソースに対して抽出したいデータを自然言語で問い合わせて可視化するという特殊なインターフェースを持った BI ツールです。2023 年 3 月に ChatGPT を統合した ThoughtSpot Sage を発表したことで注目が集まりました。今後それを優位性としてシェアを拡大していくのか、それとも他のサービスも追随していくのかが気になるところです。

図8.9: ThoughtSpotでのデータ探索

SEARCH
ANSWERS
SPOTIQ
PINBOARDS
DATA
Sources
days late
late delivery%
supplier
last 12 months
Go
Frequency of Late Deliveries
Date >= 04/01/2019 < 04/01/2020
Late Delivery%

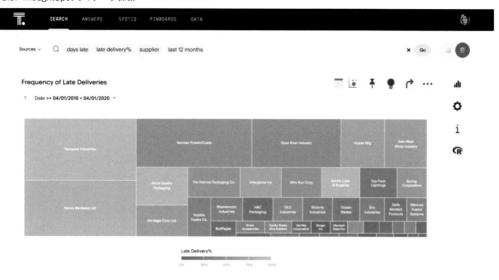

引用：https://www.thoughtspot.com/jp/product/search（2023/10/29）

自然言語で問い合わせられると書くと夢のようなツールに思えますが、データの意味などを事前に定義しておく必要がある点ではLookerなどと同じです。なので下準備がかなり大変なBIツールとなります。（図8.10）

図8.10: ThoughtSpotにてデータの定義を細かく設定

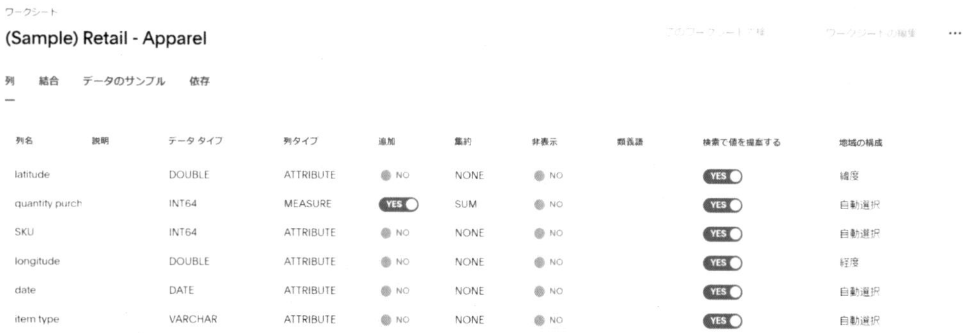

ワークシート
(Sample) Retail - Apparel
列
結合
データのサンプル
依存
列名
説明
データタイプ
列タイプ
追加
集約
非表示
類義語
検索で値を提案する
地域の構成
latitude DOUBLE ATTRIBUTE NO NONE NO YES 緯度
quantity purch INT64 MEASURE YES SUM NO YES 自動選択
SKU INT64 ATTRIBUTE NO NONE NO YES 自動選択
longitude DOUBLE ATTRIBUTE NO NONE NO YES 経度
date DATE ATTRIBUTE NO NONE NO YES 自動選択
item type VARCHAR ATTRIBUTE NO NONE NO YES 自動選択

データ定義についてはdbtのモデルとの連携が可能なので、dbtのモデリング機能を使い込むことにより導入の労力を軽減することが可能です。dbtは第6章「ETLとReverse ETL」で紹介したETLツールの多くとも連携が可能ですので、まずはdbtを活用するところから始めるのがあらゆる点への近道かもしれません。

8.5 ローコード

Streamlit

- ・データの深掘り方法: 実装次第
- ・提供形式: OSS
- ・料金体系: 無料

Streamlit は Python のウェブフレームワークです。非常に少ない行数で Snowflake との連携やデータの可視化を実装できます。必要なライブラリをインストールした環境を用意することで、例えば以下のようなシンプルなコードを実行するだけでデータの可視化が可能です（図8.11）。

リスト8.2: Streamlit で可視化する例

```python
import streamlit as st
import snowflake.connector
from snowflake.connector.pandas_tools import write_pandas


@st.cache_resource
def init_connection():
    return snowflake.connector.connect(
        **st.secrets["snowflake"], client_session_keep_alive=True
    )


conn = init_connection()


@st.cache_resource
def init_data():
    cur = conn.cursor()
    query = "select * from mental_data.mental_score;"
    cur.execute(query)
    return cur.fetch_pandas_all()


df = init_data()
st.line_chart(
        df,
        x="TARGET_DATE",
        y="SCORE",
        width=0,
        height=0,
        use_container_width=True,
    )
```

図8.11: Streamlit によるグラフ作成

近年ではPyGWalkerなどのライブラリも利用可能になっており、インタラクティブなUIの作成も可能になっています（図8.12）。

図8.12: Streamlit によるピボットテーブルの作成

ダッシュボードをさらに作り込むことでさらに複雑な処理を行うことも可能ですし、中身はPythonのコードですので外部APIを参照したり複雑な処理を入れ込んだり、特定の操作でSnowflake上のデータを書き換えるといったことまで可能です。

StreamlitはStreamlit Community Cloudというクラウド上のホスティング環境も提供されていますので、環境の用意のしやすさも利点の1つです[4]。

また、2023年9月現在はPublicになっていませんが、StreamlitのアプリケーションをSnowflakeのコンソール上で作成可能なStreamlit in Snowflakeという機能がすでに発表されています。ローコードBIは今後注目の技術の1つとなりそうです。

4.//https://streamlit.io/

Python Dash

- ・データの深掘り方法: 実装次第
- ・提供形式: OSS
- ・料金体系: 無料

Python Dash も Streamlit と同じく Python のウェブフレームワークです。Dash は2015年、Streamlit は2018年にリリースされており、Dash のほうが長い歴史を持ちます。Streamlit との違いは拡張性の面が一番大きく、Streamlit がシンプルなコードでシンプルな可視化ができる一方で Dash のほうがより作り込むことができるという見解が多めの印象です。

ローコード BI を選ぶ場合には現状では Snowflake が Streamlit との連携を強めていることから、Streamlit を選択したほうが賢明に思えますが、ユーザーに提供する BI ツールとしての作り込みにこだわりを持ちたいのであれば Dash も良い選択肢です。

8.6　BI ツール比較表

本章で紹介した BI ツールの分類をざっくりとまとめると以下のようになります。（表8.1）

表8.1: BI ツール比較表

ツール名	コーディング	提供形式	データの抽出・深堀り方法	料金
Redash	ハイコード	セルフホスティング	SQL 直書き	無料
Metabase	ハイコード	セルフホスティング/SaaS	SQL 直書き	無料
Looker Studio	ノーコード	SaaS	GUI	無料
Lightdash	ノーコード	セルフホスティング/SaaS	GUI	無料/月額
Tableau	ノーコード	SaaS/ローカル	GUI	月額
Looker	ノーコード	SaaS	GUI	月額
AWS QuickSight	ノーコード	SaaS	GUI	従量課金
ThoughtSpot	ノーコード	SaaS	自然言語	月額
Streamlit	ローコード	OSS	実装次第	無料
Python Dash	ローコード	OSS	実装次第	無料

データ組織の立ち上げ時期にある程度知識のあるメンバーで利用する場合には無料のツールで十分に事足りますが、大きな会社などで利用する場合にはデータマネジメントの観点から事前にデータの定義を整備する形のほうが長期的に見てメリットが大きく、ハイコードの Redash や Metabase では難しくなってきます。

ですので、基本的にはまずはハイコードの無料のツールを使ってみて、将来的に利用が拡大していったらノーコードのツールを検討するというのがおすすめです。Redash を導入していったが途中から社内での浸透とユーザーの増加に伴って Tableau 等のノーコード BI ツールに移行するというのがよく見られる光景です。今後はそれらに加えてローコードの BI ツールという新たな選択肢が出てきたわけです。

また、BIツールと呼ぶか難しいですが、世の中で最もデータを利用する際に使用されるインターフェースはMicrosoft Excelに代表される表計算ツールです。ExcelからSnowflakeに接続してデータを取得することも可能です。

8.7　まとめ

　本章では多種多様なBIツールについてそれぞれの特徴を紹介しました。企業やプロジェクトの状況によって、最適なBIツールは異なってきます。この章に記載した各ツールの特徴を参考に色々なツールを試してみて、ご自身の利用シーンに合わせて最適なツールを選びましょう。BIツールを使いこなすことで、データ活用をさらに加速させていってください。

第9章　データアプリケーションと分析

2022年および2023年のSnowflake Summitでは、**Today Disrupt App Development**がテーマとして掲げられています。近年のソフトウェア開発の潮流がデータ中心に移り変わっていることを受け、Snowflake上でのアプリケーション開発に関する機能が数多く発表・リリースされています。この章では、近年のデータ基盤・ソフトウェア開発の潮流について紹介するとともに、データ分析やデータアプリケーション開発で利用できるSnowflake関連技術について紹介します。

9.1　APIエコノミーとMACHアーキテクチャ

　近年、数多くのSaaSサービスが発展し、企業はこれらのSaaSサービスを利用して事業を行うようになりました。Google WorkspaceやSlack、Salesforce、Zendesk、Stripe、Shopify、Hubspotなど、枚挙にいとまがありません。従来のSaaSモデルでは、それぞれのサービスを提供するサービスプロバイダがサーバーを運用し、データを保管しています。これは、企業が本来保有するべきデータが、各サービスプロバイダ内のデータベースに分散してしまう状況を生み出しています。例えば、営業データはSalesforceに、顧客データの一部はHubspotに、といったように、自社データの一部が分散してしまうのです。

　また、マイクロサービスアーキテクチャの発展に伴い、社内の各システムの分散も進んでいます。マイクロサービスアーキテクチャでは、一つの巨大なシステムを構築するかわりに、機能別やドメイン別にシステムを分割します。例えば、決済基盤やアカウント基盤などを切り出していくことで、それぞれが独立したシステムとして運用することができます。アジャイル開発を維持しやすくなったり、新しいサービスとの統合が容易になるなどの利点があり、採用例が増えています。しかし、一方で、各システムのデータはそれぞれのシステム内に閉じ込められるようになり、データの分散が進むようになりました。

　こうした分散をまとめるために登場した概念が**APIエコノミー**と呼ばれる考え方です。APIエコノミーは、APIを公開することで自社と他社のサービスを相互に活用してさらに大きく経済圏を拡大させていく考え方です。APIを通じて、サービス間が連携しあうことで、分散したデータを再統合したり、データを利活用することができるようになりました。このようなAPIエコノミーを利用しやすくするために、**IPaaS**（Integration Platform as a Service）の領域も発展してきました。

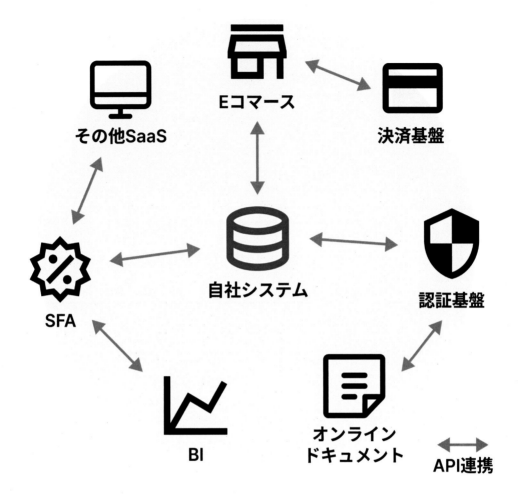

それに応じて、**MACH Architecture**（マッハ・アーキテクチャ）という考え方が登場しました[1]。MACHとは、以下の4つの頭文字をとったものであり、（APIエコノミーに参画する）サービスが採用すべきアーキテクチャを示しています。それぞれの詳しい概念については、Web上で多く言及されているため、本書では省略します。

・Microservice（マイクロサービス型のアーキテクチャを採用する）
・API First（APIを前提に設計する）
・Cloud Native（クラウドネイティブなアーキテクチャを採用する）
・Headless（GUIを前提としないUXを採用する）

1.https://macharchitecture.com/

MACHでは、これからのサービスやプロダクトは、API連携を前提として設計されるべきであり、逆にAPI連携できるのであれば画面は必ずしも必要ではないと考えています。例えば、決済サービスのStripeやアカウント基盤のAuth0は、APIを通じて決済や認証の機能を提供しています。また、営業やマーケティングに関するツールであれば、SalesforceやHubspotとの連携機能を提供することで、ツールの提供価値を向上させることができます。

9.2　APIエコノミーとデータシェアリング

前述した通り、APIエコノミーは多くのマイクロサービスやSaaSサービスを組み合わせるために登場しました。では、これらのAPIは一体何をしているのでしょうか？いくつかの場合、データを「同期」していると見なすことができます。例えば、Googleアナリティクスと連携できるWebサービスを考えてみます。このWebサービスは定期的にGoogleアナリティクスのAPIを呼び出し、アクセスデータを取得します。この際やっているのは、データの「同期」と考えられます。また、アカウント基盤のAuth0と連携できるWebサービスではどうでしょうか。Webサービスはユーザーの情報をAuth0にAPIで問い合わせ、Auth0は認証を行った上で最新のユーザー情報をWebサービスに返却します。そして、Webサービス側がユーザーの情報を変更したい際には、Auth0にAPIで問い合わせ、ユーザー情報を更新します。これも、ユーザーの情報をシステム間で「同期」していると見なすことができます。

このようなAPIをベースとしたデータの「同期」にはいくつかの問題があります。

- ・APIを呼び出したタイミングでしか同期できないため、常に最新のデータを参照できていないことがある
- ・APIを適切に呼び出すための開発が都度必要になる
- ・大規模なデータのやり取りに向いていない

データシェアリングというアプローチは、このようなAPI連携の問題を解消するために登場しました。たとえば、Snowflakeのデータシェアリング機能は、以下のように行われます。

- ・データの提供者が共有するテーブル（またはビュー）を作成し、共有先を設定する
- ・データの利用者は、共有されたテーブルを、あたかも自分のSnowflake環境上に存在するテーブルとして参照できる

Snowflakeのデータシェアリングは以下のような特徴を持っています。

- ・共有されているテーブルは、他のテーブルと全く変わらない形で参照でき、JOINなどで情報を突き合わせて利用することができる
- ・常に最新のデータが共有されるため、データの提供者がデータを更新すると、データの利用者はすぐに最新のデータを参照できる

- データの提供者はテーブルを共有するだけで良く、データの利用者はそのテーブルを参照する
  クエリを書くだけで良い
- テーブルを共有できるため、大規模なデータのやり取りにも向いている

　なお、Snowflakeのデータシェアリング機能では、共有されたテーブルのデータを書き換えることはできません。しかし、APIエコノミーの代替になるには、共有されたテーブルのデータを書き換えることができる必要があります。上記のAuth0の例をデータシェアリングベースで実現する方法を考えてみます。Auth0と自社のWebサービスの間でデータシェアリングを構築し、ユーザー情報の入ったテーブルを共有したとします。この際、自社Webサービス側が、共有されているテーブルのユーザー情報を書き換えることにより、その情報がAuth0側にも反映されるようにします。また、Auth0側でユーザー情報を書き換えた場合も、自動的に自社Webサービス側に共有されているテーブルにもその情報が自動的に反映されます。これにより、データシェアリングをベースとしたデータの「同期」が実現できます。不要なAPIを呼び出す必要がなくなり、データの「同期」にかかるコストを大幅に削減できる可能性があります。

　SalesforceとSnowflakeが進めているデータシェアリングベースのデータ統合では、Snowflake側でのデータ変更をSalesforce側に伝播できるようになる、とアナウンスされています。まさに、データシェアリングを利用したAPIのリプレイスメントです。データシェアリングにより、サイロ化されたデータがSnowflakeを中心に再統合され、よりデータを中心としたシステム統合が簡単になっていくと予想されています。

9.3　データ指向プログラミング

　このような背景を受けて、筆者（Yamanaka）が注目しているのが、**データ指向プログラミング**（Data Oriented Programming; DOP）の設計パラダイム[2]です。コアとなる原則は以下のような要素です。

- データとロジックの分離
- 汎用的なデータ構造でデータを表現する
- データをイミュータブルにする
- データのスキーマとデータそれ自体を分離させる

　データとロジックの分離とは、そのままの通り、データとそれを変換するロジックを分離して実装するということです。通常のオブジェクト指向プログラミングでは、データとロジックをオブジェクトと呼ばれるクラスの中にカプセル化してしまいますが、DOPでは、データを外から注入し、ロジックはステートレスに保つことを提案しています。このことにより、ロジックの再利用性が高くなります。

2.https://blog.klipse.tech/dop/2022/06/22/principles-of-dop.html

汎用的なデータ構造を用いてデータを表現する、というのは、クラスなどを用いてデータを作成するのではなく、配列や構造体といった汎用的なデータを構造を利用してデータを格納します。特定のクラスに依存する、つまり特定のユースケースでしかデータを利用できないということを避け、ロジックの再利用性を高めることに貢献します。

データをイミュータブルにするというのは、一度生成したデータは二度と変更しない、ということを意味します。言語によっては、変数の再代入を禁止しており、変数のイミュータブル性を保証しているように、このアプローチを維持することで、振る舞いを理解しやすい実装を行うことできます。DOPでは、配列や構造体に格納したデータを、一度生成したら変更せず、代わりにコピーを作成することを提案しています。

また、第2章「Snowflake とは」で、マイクロパーティションがイミュータブルであることを紹介したことを覚えているでしょうか。データの保存においてもイミュータブル性を担保することにより、タイムトラベルや同時アクセス制御、ゼロコピークローンなど、多くの利益を享受できます。そのため、データに関してイミュータブル性を導入することは、さまざまな場面で利益をもたらします。

データのスキーマとデータそれ自体を分離させるというのは、ロジックが要求するデータのスキーマを、データそれ自体と切り離すようにする、ということです。ロジックに入力するデータが満たす必要があるデータの形を「スキーマ」として定義しておき、スキーマを満たしているデータならば、どのようなデータでも入力できるようにします。このことにより、データとロジックを安全に分離することができます。この考え方はスキーマオンリード（最初にスキーマを要求するのではなく、必要なタイミングでスキーマを要求する）のアプローチに近いと言えるでしょう。

データ指向プログラミングは、Snowflakeなどの最近のデータウェアハウスの持つ仕組みやアプローチと親和性が高く、ポテンシャルを引き出すことを助けるのではないかと筆者は予想しています。書籍も出ているので、もし興味があれば読んでみてください。

・Yehonathan Sharvit, Data-Oriented Programming, Manning Publications, 2022[3]

9.4　Snowflakeでのアプリケーション開発

さて、このような流れにより、データを中心としたアプリケーション開発の機運が高まっています。近年では、**データプロダクト**（Data Product）や、**プロダクトとしてのデータ**（Data as a product）という概念や言葉も広まってきています。Snowflakeでは、このような状況を受けてなのか、Snowflake上でのアプリケーション開発を推し進めようと考えています。その中で中心的な存在が、**Native Application Framework** です。

Native Application Framework は、Snowflake上で動作するアプリケーションを作成するためのフレームワークです。イメージとしては、AndroidやiOS上でアプリを開発する際に、FlutterやReact Nativeといったフレームワークを利用するのと同じように、Snowflake上でアプリを開発する際に

---

3. 邦訳版は「データ指向プログラミング」

利用するフレームワークです。Native Application Framework を利用することで、以下のようなことが実現できます。

・Snowflake 上でアプリケーションを作成したり、ホスティングできる
・Snowflake Marketplace などでアプリケーションを配布・公開・収益化できる

この際、**Snowpark Container Service**（2023年10月現在プライベートプレビュー）を利用して、コンテナ環境をホスティングし、常時起動型の Web アプリケーションやバッチシステムを開発できます。また、他社が提供している Native Application をマーケットプレイスなどからインストールして、自社環境の Snowflake 上で動かすことが可能になります。

図9.2: Snowflake Native Application の概念図

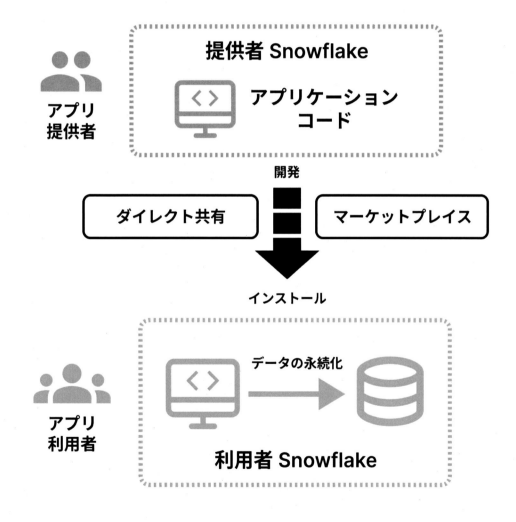

Native Application Framework の利点

インストールされたアプリケーションは、各Snowflakeアカウント内にホスティングされます。アプリケーション内で生成されたデータは、各Snowflakeのアカウント内に保存されるため、以下のような利点があります。

・データのサイロ化を防ぐことができる
・アプリケーション提供者にデータを提供する必要がないため、安全性が高く、コンプライアンス基準を満たしやすい
・アプリケーションを他のアカウントと共有しないため、他の利用者の影響を受けにくい。自社の利用状況に応じて、適切なウェアハウスサイズを選択できる

また、開発上のメリットとしては、Snowflakeのマルチクラウド対応により、実体としてホスティングされているインフラベンダーが異なっていても、統一的なインターフェースを利用できることが挙げられます。つまり、Snowflake上の構文さえ覚えておけば、AWS、Azure、GCPのベンダーごとの設定の違いなどを意識しなくて良くなります。

SaaSアプリケーションの再構築

Native Application Frameworkの登場は、SaaSアプリケーションのスタンダードを変える可能性があります。Native Application FrameworkはConnected Applicationという考え方から派生したものであり、これまでのSaaSアプリケーションのManaged Applicationという考え方を崩すものです。Connected Applicationについては、詳しくは以下の資料を参照してください。

・Connected Applications 101: What They Are and How to Build Them[4]
・Connected Apps: Separating Customer Data and Application Code[5]

これまでのSaaSアプリケーションでは、アプリケーションの提供者が、アプリケーションの開発・運用・データの管理を一括して行っていました。この仕組みでは、以下のような問題点があります。

・各SaaSアプリケーションへのデータの分散
・各SaaSアプリケーションへデータの提供を余儀なくされる。何かに悪用されていても気づきにくい
・データコンプライアンスを遵守するため、そもそもアプリケーションが利用できない

Native Application Frameworkは前述した通り、各会社のSnowflake環境にアプリケーションをインストールし、ホスティングします。これにより、上記のような課題を解決しようとしています。

4.https://www.snowflake.com/resource/connected-applications-101-what-they-are-and-how-to-build-them/
5.https://www.snowflake.com/guides/connected-apps

Snowflakeという信頼できる第三者が間に入ることにより、アプリケーションの提供者はアプリのコードを使用者に開示することなくアプリを提供できます。そして、利用者は、データをアプリ提供者に提供することなくアプリを利用できます。面倒なインフラの管理やスケーリングはSnowflakeが肩代わりするため、管理・運用コストはかかりません。

図9.3: Managed App / Connected App / Snowflake Native App

a) Managed App

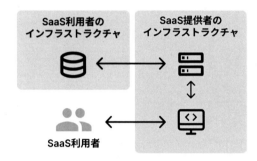

b) Connected App

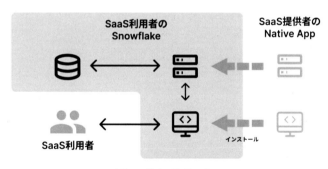

c) Snowflake Native App

このアーキテクチャを実現するためには、アプリケーション内で利用するデータとロジックが分離され、データを使用者が正しく注入できる必要があります。そのために必要な考え方こそが、データ指向プログラミングだと考えています。

Native Application Frameworkを利用したアプリケーションの実装については、やや高度なトピックのため本書では割愛します。公式のチュートリアル資料があるため、興味がある方はそちら

を参照してください。

・チュートリアル: Native Apps Framework を使用したアプリケーションの開発[6]

本章では、より基礎的なSnowflakeで利用できるアプリケーション・分析機能について紹介していきます。これらはNative Application Frameworkを利用する際にも前提となる知識です。

9.5　Pythonのクラウド実行環境

Snowflake上でのデータ分析やアプリケーション開発を支援するため、Snowflakeは、SQLに加えてPythonの実行環境を提供しています。これらの実行環境はSnowflake上のコンテナとして提供されており、分析者や開発者は専用のインフラストラクチャを用意する必要なく、利用することができます。なお、Pythonの実行環境は通常のウェアハウス上でも起動しますが、よりメモリが多く割り当てられたPython実行向けのインスタンスも提供されています。

Snowflakeでは、Pythonを利用して、ユーザー定義関数（UDF）やストアドプロシージャを作成することができます。これらはSQLやJava・JavaScriptでも記述できますが、Snowpark Pythonというpython SDKが提供されているため、より便利に記述することができます。Snowpark Pythonについては「9.7 Snowpark Python」にて紹介します、

なるべくSQLプロシージャを利用する

Python UDF や Python Procedure は、一般的に SQL UDF や SQL Procedure よりも作成・実行に時間がかかります。そのため、SQL で記述できる処理であれば、複雑でない限り SQL を利用するのが望ましいでしょう。

9.6　Python Procedureの作り方

2023年4月から、Snowsight上でPythonワークシートという機能が追加されました[7]（図9.4）。これまでのワークシートはSQLしか記述できませんでしたが、PythonワークシートではPythonコードを記述でき、記述したコードをSnowsight上で動かすことができます。

6.https://docs.snowflake.com/ja/developer-guide/native-apps/tutorials/getting-started-tutorial

7.https://docs.snowflake.com/en/developer-guide/snowpark/python/python-worksheets

図9.4: Python ワークシート

Python ワークシートでは、設定で呼び出し元とするハンドラーを指定します（図9.5）。ワークシート作成時には`main`が指定されています。つまり、ワークシートを実行した時に`main`関数が呼び出され、`main`関数の結果がワークシートにも返されます。

図9.5: ハンドラーの設定

ハンドラーの第一引数は`snowpark.Session`である必要があります。Snowparkについては後述しますが、Python コード内でSnowflake内のリソースにアクセスする方法の一つです。この第一引数の`session`は現在開いているワークシートのセッション情報が引き継がれたものになっています。

リスト9.1: 文字列を返すだけのシンプルな Python コード

```
import snowflake.snowpark as snowpark


def main(session: snowpark.Session):
    return 'test'
```

設定で返り値も指定する必要があり、記述しているPythonの返り値と設定の返り値が異なる場合、エラーになります。ワークシートを実行した際に、内部的にPythonのストアドプロシージャを作成しているため、返り値を定義する必要があります。もちろん、SQLワークシートを利用して、Pythonのストアドプロシージャを作成することも可能です。

リスト9.2: SQL で Python プロシージャを作成する

```
create or replace procedure my_proc(from_table string, to_table string, count
int)
  returns string
  language python
  runtime_version = '3.8'
  packages = ('snowflake-snowpark-python')
  handler = 'run'
as
$$
def run(session, from_table, to_table, count):
  session.table(from_table).limit(count).write.save_as_table(to_table)
  return "SUCCESS"
$$;
```

また、Anaconda同梱のサードパーティーライブラリや自前のライブラリを使いたい場合は、「パッケージ」から使用するライブラリを設定してください。ワークシートを作成したタイミングでついているテンプレートでは、sessionを用いて、Snowflakeの INFORMATION_SCHEMA （データベース内の設定情報などが入っているスキーマ）にクエリを発行し、結果を取得しています。

リスト9.3: ワークシート作成時のテンプレート

```
# The Snowpark package is required for Python Worksheets.
# You can add more packages by selecting them using the Packages control and then
importing them.


import snowflake.snowpark as snowpark
from snowflake.snowpark.functions import col
```

```
def main(session: snowpark.Session, table_name: str):
    # Your code goes here, inside the "main" handler.
    tableName = 'information_schema.packages'
    dataframe = session.table(tableName).filter(col("language") == 'python')

    # Print a sample of the dataframe to standard output.
    dataframe.show()

    # Return value will appear in the Results tab.
    return dataframe
```

9.7 Snowpark Python

Snowflake内のデータをPythonで処理するためには、Pythonコネクタを利用するほか、Snowpark Pythonという SDK を利用することが可能です。Pythonコネクタとは異なり、PySparkに似た独自のインターフェースを用いてデータの取得や加工が可能なため、記述の容易性や可読性の向上が見込めます。pandasのデータフレームなどへの変換も用意であり、Sparkやpandasの利用経験があれば比較的取っ付きやすいと思います。また、遅延評価（実際にデータを取得する必要が生じるまでクエリを実行しない）という特性もあるため、効率的な実装が可能です。

SnowparkにはJavaやScalaも用意されていますが、PythonのSDKであるSnowpark Pythonは、分析者や開発者にとって最もポピュラーと言える言語であり、scikit-learnなどのPythonライブラリを同梱したPython環境を簡単に利用することができます[8]。Pythonコードを実行できるため、SQLでは処理できないような複雑な分析処理を実行できます。

Snowparkの外部通信制約

Snowpark は、Snowflake 内のネットワーク的に閉じた環境内で実行されます。そのため、外部との通信を伴うような requests などのパッケージを利用したい場合、**外部ネットワークアクセス**（External Network Access）機能を利用します。この機能では、事前に許可しておいたアクセス先への通信が可能になります。なお、この機能を用いることで、ETL ツールを用いずに API からのデータ収集なども可能になります。CREATE EXTERNAL ACCESS INTEGRATION 文で作成できます。

それでは使い方を見ていきましょう。

インストール

2023年10月現在、Snowpark PythonはPython3.8から3.11系で利用可能なため、virtualenv や conda env などを用いてPythonの仮想環境を作ると良いでしょう。

8.Snowflake 上にデフォルトでインストール済みのパッケージ一覧はこちらで確認できます。

```
// 仮想環境を作成
$ virtualenv -p python3.10 snowpark
```

Snowparkはpipでインストール可能です。pandasデータフレームへの変換のためにpandas向けの拡張もインストールしておくと良いでしょう。

```
// Snowpark Python のインストール
$ pip install snowflake-snowpark-python[pandas]
```

Apple Silicon ユーザーへの注意

Mac M1/M2 チップを利用している場合、上記のインストールでうまく動かないことがあります。公式ドキュメントにも記載のある通り、以下のようなワークアラウンド対応が必要になります[9]。

```
$ CONDA_SUBDIR=osx-64 conda create -n snowpark python=3.8 numpy pandas
--override-channels -c https://repo.anaconda.com/pkgs/snowflake
$ cond activate snowpark
$ conda config --env --set subdir osx-64
```

9.https://docs.snowflake.com/en/developer-guide/snowpark/python/setup#prerequisites

---

セッションを作る

Snowparkも、通常のワークシートなどと同じくセッションという概念が存在します。セッションとはSnowflakeとのコネクションのようなものですが、各セッションは独立して動作します。そのため、セッションパラメーターを変更したりテンポラリテーブルを作成した場合には、それらの変更は他のセッションには影響しません。

リスト9.4: セッションの作成

```
from snowflake.snowpark import Session

connection_parameters = {
    "account": "<your snowflake account>",
    "user": "<your snowflake user>",
    "password": "<your snowflake password>",
    "role": "<your snowflake role>",  # optional
    "warehouse": "<your snowflake warehouse>",  # optional
    "database": "<your snowflake database>",  # optional
    "schema": "<your snowflake schema>",  # optional
```

```
}

new_session = Session.builder.configs(connection_parameters).create()
```

　セッションの作成には、各種接続情報が必要になります。アカウント名を指定する場所にはアカウントロケーター（例:xxxxxx.ap-northeast-1.aws）を指定します。なお、この例ではパスワードもコード内に設定していますが、実際には環境変数に設定するようにします。セッションはクローズする必要があるため、以下のようなコマンドを呼び出すことでクローズできます。

リスト9.5: セッションのクローズ
```
new_session.close()
```

　Pythonでは、このようなクローズを忘れることがないようwith句が用意されています。with句から抜けたら自動的にクローズされるように、以下のようなラッパーオブジェクトを作成して使うと良いでしょう。

リスト9.6: Sessionのラッパーオブジェクト
```
"""Snowflake session context manager"""
from snowflake.snowpark import Session
import os


class SnowflakeSession:
    """
    Context manager for Snowflake session
    """

    def __init__(self):
        self._session = self.__session()

    def __enter__(self):
        return self._session

    def __exit__(self, exc_type, exc_val, exc_tb):
        self._session.close()

    @property
    def session(self):
        """
        :return: Snowflake session
        """
```

```
        return self._session

    def __session(self) -> Session:
        params = {
            "user": os.environ.get("SNOWFLAKE_USER"),
            "password": os.environ.get("SNOWFLAKE_PASSWORD"),
            "account": os.environ.get("SNOWFLAKE_ACCOUNT"),
            "role": os.environ.get("SNOWFLAKE_ROLE"),
            "warehouse": os.environ.get("SNOWFLAKE_WAREHOUSE"),
            "database": os.environ.get("SNOWFLAKE_DATABASE"),
            "schema": os.environ.get("SNOWFLAKE_SCHEMA"),
        }
        return Session.builder.configs(params).create()
```

リスト9.7: Sessionのラッパーオブジェクトの使い方

```
with SnowflakeSession() as session:
    df = session.sql("select 1").collect()
```

リスト9.7にもあるように、セッションオブジェクトはsqlメソッドを用いて、任意のSQL文を実行することができます。しかし、sqlメソッドを呼んだだけでは実際にSQLが発行されることはありません。結果を取得するには、collectメソッドを実行する必要があります。また、collectして返ってくるのはlistオブジェクトです。pandas.DataFrameのデータフレームとして取得するには、collectの代わりに、to_pandasを利用します。

しかし、Snowpark Pythonではこのような直接SQLを記述する方法よりも便利な書き方が存在します。

便利な各種メソッド

Snowpark PythonはSQLビルダーのように使うことができ、tableメソッドや、filterメソッドなどを組み合わせることで、SELECT文を組み立てることができます。また、Snowpark Python上で作成したSnowpark.DataFrameをテーブルに保存するsave_as_tableメソッドなども便利です。

リスト9.8: 各種便利メソッド

```
# テーブルを参照.
# SELECT * FROM table_name と同義
# この時点ではsnowpark.DataFrameというオブジェクトが生成される
df_table = session.table('table_name')

# ここで実際のSQLが発行され、データを取得する
result = df_table.collect()
```

```
# テーブルから一部フィルタをかける.
# SELECT * FROM table_name WHERE a > 1  と同義
df_table.filter("a > 1").collect()

# テーブルの一部を見る.データプレビュー相当の機能。
# SELECT * FROM table_name LIMIT 10  と同義
df_table.show()

# Snowpark.DataFrameを作る
df_created = session.create_dataframe([1, 2, 3, 4]).to_df("a")

# Snowpark.DataFrameをテーブルに保存する
# CREATE TEMPORARY TABLE IF NOT EXIST my_table ( A int ) と
# INSERT INTO TABLE my_table VALUES (1), (2), (3), (4) を同時に実行
df_created.write.save_as_table(
    "my_table", mode="append", table_type="temporary")
```

　Snowpark Pythonはcollect、show、to_pandasメソッドなどのデータを実体化するコマンドが実行されるまではSQLが発行されないため、コードの共通化や効率的なクエリを書きやすくなります。

テストの書き方

　Snowpark Pythonを用いて処理を記述する際、テストコードも記述したいと思うのではないでしょうか。しかし、ローカルでSnowflakeをエミュレート可能ではないため、通常のテストの書き方だと少し不便になります。本書では、Snowpark Pythonを用いる際に使えるテストのテクニックをいくつか紹介したいと思います。

pytestのmockを利用する

　一般に外部APIとの通信を含む処理をテストしたい場合に、その箇所をスタブすることがあるのではないでしょうか。Snowflakeとの通信もこれと同様に捉え、適宜スタブをすることでテストを記述することが可能になります。

　しかし、この方法では、リクエストやレスポンス自体が正常かどうかをチェックすることはできません。APIの場合はパラメータチェックなどである程度正確性を担保可能ですが、Snowpark Pythonが生成するSQLをチェックすることは現実的ではありません。そのため、スタブを利用する方法はあまりお勧めできません。

テストデータの入れ方

　SQL自体のチェックやレスポンスの結果のチェックを行えるようにしたいため、実際にSnowflakeにSQLを発行するようにするべきです。そこで問題になるのがテストデータの入れ方です。ここで

はテンポラリテーブルを利用した方法について紹介します。

　第2章「Snowflakeとは」でも紹介したように、Snowflakeのテーブルには主に3つのタイプがあ
ります。この内、セッションが切れると削除されるテンポラリテーブルは既存のテーブル名と同名
のものを命名可能です。この仕様を利用することで、テスト時だけ一時的にテストデータに差し替
えることが可能になります。

リスト9.9: テストデータの入れ方

```python
from snowflake.snowpark import Row
import pytest


def test_main():
    with SnowflakeSession() as session:
        res = session.sql('select * from base')
        assert res.collect() == [Row(A=1), Row(A=2), Row(A=3)]

        test_data = session.create_dataframe([1, 2, 3, 4]).to_df("A")
        # csvから読み込む場合は以下のように書ける
        # test_data = session.create_dataframe(pd.read_csv('test.csv'))

        test_data.write.save_as_table('base', table_type='temporary')

        assert res.collect() == [Row(A=1), Row(A=2), Row(A=3), Row(A=4)]
```

　この例のように、テストデータを入れたいテーブルと同名のテンポラリテーブルを作成すると、
テンポラリテーブル作成後はテンポラリテーブルを参照するようになります。テンポラリテーブル
はセッション内に閉じており、他のセッションには影響しないため、テストごとにセッションを作
成することで、テストケースの分離や並列実行が可能です。

snowflake-vcrライブラリを利用する

　一方で、毎回SQLを実際にSnowflakeにリクエストするとテストに時間がかかってしまいます。
そのため、Snowflakeからsnowflake-vcrpyというライブラリ[10]が公開されています。このライブ
ラリでは、最初の1回のみは実際にSQLを実行し、ローカルにyamlファイルとしてレスポンスを
キャッシュします。2回目以降はこのキャッシュを利用することで、実際のリクエストをしなくて
もテストを実行できるようになります。

10.https://github.com/Snowflake-Labs/snowflake-vcrpy

```
// snowflake-vcrのインストール
$ git clone git@github.com:Snowflake-Labs/snowflake-vcrpy.git
$ cd snowflake-vcrpy
$ pip install .
```

インストールしたあと、SQLをキャッシュしたいメソッドに@pytest.mark.snowflake_vcrという
うデコレーターを付与します。pytestを実行すると、catettesディレクトリ内にテストメソッド名
のYAMLファイルが生成されます。再びpytestを実行すると、クエリが発行されず、 YAMLファ
イルに保存されたキャッシュ内容が返されるようになります。また、YAMLファイルを削除すると
再びリクエストするようになります。pytest時にPytestUnknownMarkerWarningが出ることがあり
ますが、動作には影響しません。

リスト9.10: vcrの使い方
```
@pytest.mark.snowflake_vcr
def test_method():
    with SnowflakeSession() as session:
        assert session.sql('select 1').collect() == [(1,)]
```

このような方法を組み合わせることで、開発者体験をある程度向上させることができます。また、
今後、**Snowpark Local Testing**というローカル環境でのテスティングフレームワークが登場す
る予定になっています。

9.8　デプロイの仕方

Snowpark Pythonを使用して、一連のデータ処理パイプラインをPythonで記述したのち、その一
連の処理をPythonプロシージャとしてデプロイすることで、データパイプラインが生成できます。
　プロシージャとしてデプロイしたいメソッドに@sprocデコレータを付与し、そのメソッドを呼び
出すことでデプロイできるようになります。そのため、以下のようなスクリプトを作成し、これを
デプロイパイプライン上で実行することで、デプロイできるようになります。

リスト9.11: プロシージャのデプロイ方法
```
import snowflake.snowpark.types as T
from snowflake.snowpark.functions import sproc



def main():
    with SnowflakeSession() as session:

        @sproc(name="pipeline", return_type=T.StringType(),
packages=["snowflake-snowpark-python"], is_permanent=True, replace=True,
```

```
stage_location="@test")
    def run(session):
        base_table = session.sql('select a, a*2 from base')
        base_table.write.save_as_table('target')


        return 'Success.'



if __name__ == "__main__":
    main()
```

デプロイパイプラインとして、Github Actionsを用いれば非常に簡単にデプロイできます。Github Actionsの場合、処理を記述したYAMLファイルをGithubリポジトリの.github/workflowsディレクトリ以下に配置するだけで実行できます。

以下の例では、mainブランチにPRがマージされるたびに、GithubActionsでPython環境をセットアップし、main.pyを実行します。

リスト9.12: プロシージャのデプロイ方法

```
name: Snowpark Deploy Pipeline

on:
  push:
    branches:
      - main

jobs:
  snowpark_deploy:
    name: snowpark_depoly
    runs-on: ubuntu-latest

    permissions:
      contents: read
      id-token: write
    steps:
      - name: Checkout
        uses: actions/checkout@v3

      - name: Install Python 3.8
        uses: actions/setup-python@v1
        with:
          python-version: 3.8
```

```
    - name: Install Snowpark
      run: |
        python -m pip install --upgrade pip
        pip install snowflake-snowpark-python[pandas]

    - name: Deploy
      run: |
        python main.py
      secrets:
        SNOWFLAKE_USER: ${{ secrets.SNOWFLAKE_USER}}
        SNOWFLAKE_PASSWORD: ${{ secrets.SNOWFLAKE_PASSWORD }}
```

また、GithubActionsにはスケジュール実行機能もあるため、それを利用して定期的にプロシージャを呼び出してデータ更新することもできます。

9.9 dbt Python model

これまで見てきたように、Snowpark Pythonを利用すると、データパイプラインの構築が簡単にできるようになります。一方で、データパイプラインはdbtなどのツールに集約し、一元管理を行いたいと思うのではないでしょうか。dbtには、Python Modelという、SQLの代わりにPythonを用いてモデル（データセット）を作成できる機能があります。実態としては、dbtに記述した内容をPython Procedureとしてデプロイし実行しているだけのため、Snowpark Pythonの記法をそのまま利用できます。SQLモデルと同様にrefなどのdbt用の関数が利用でき、リネージやdocsなどもSQLモデルと同様に扱うことが可能です。以下の例のように、第一引数にdbt、第二引数にsessionを取るmodel関数を定義したPythonファイルをSQLファイルと同じようにmodelsディレクトリ配下に配置します。このとき、第一引数のdbtにはconfigメソッドやrefメソッドといった、dbtの各種機能を組み込むためのメソッドがついています。第二引数のsessionにはSnowparkのSessionオブジェクトが渡されるため、この引数を利用してSnowflakeとの通信を行うことができます。

リスト9.13: dbt Python Modelの記述方法

```
def model(dbt, session):
    dbt.config(
        materialized="table",
        packages=["holidays"]
    )

    orders_df = dbt.ref("base")

    df = orders_df.to_pandas()
```

```
    df["B"] = df["A"]**2
    # return final dataset (Pandas DataFrame)
    return df
```

なお、model関数以外に別の関数を定義してmodel関数から呼び出したり、パッケージをインポートして利用することもできます。一方で、あるモデル内で定義した関数を別モデルで流用することができなかったりといくつかの制限が存在するため、注意が必要です。dbt Python Modelはまだ機能拡張の途中であり、今後そういったことが可能になる予定です。

9.10　Streamlitを使ったデータアプリケーション

さて、ここまでSnowpark Pythonを用いたデータパイプライン構築について紹介してきました。一方で、近年はデータアプリケーションと呼ばれる、データをユーザーが入力すると内部でデータを処理して集計や機械学習の結果をユーザーに返す、というアプリケーションのユースケースが広がっています。このようなユースケースに対して、従来のOLTP型のデータベースを利用したアプリケーションだと、データ量が大きい時に十分なパフォーマンスが出せないことがあります。近年はDWHの分析クエリに対するパフォーマンスを活かして、DWH上でデータを分析し、結果を返すというユースケースも広がっています。

第6章「ETLとReverse ETL」で紹介したように、SnowflakeはStreamlitという、ローコードのアプリケーションフレームワークをM&Aし、Snowflakeのエコシステムに組み込んでいます。Streamlitは、Pythonで記述できるため、内部的にSnowpark Pythonを利用してデータのやり取りを行うことができます。StreamlitとSnowpark Pythonを利用して、簡単なデータアプリケーションを作成してみます。

Streamlitのインストール

Streamlitはpipでインストール可能です。インストールできたら、helloコマンドを実行すると、サンプルのサーバーが立ち上がります（図9.6）。

```
// Streamlitのインストール
$ pip install streamlit
$ streamlit hello
```

図 9.6: Streamlit Hello ページ

Welcome to Streamlit!

Streamlit is an open-source app framework built specifically for Machine Learning and Data Science
projects. 👈 **Select a demo from the sidebar** to see some examples of what Streamlit can do!

Want to learn more?

- Check out streamlit.io
- Jump into our documentation
- Ask a question in our community forums

See more complex demos

- Use a neural net to analyze the Udacity Self-driving Car Image Dataset
- Explore a New York City rideshare dataset

Streamlit の使い方は簡単です。以下の例のように、Python ファイル内で Streamlit のコンポーネントを呼び出します。

リスト 9.14: main.py

```python
import streamlit as st
import pandas as pd
df = pd.DataFrame({
    'first column': [1, 2, 3, 4],
    'second column': [10, 20, 30, 40]
})

st.title('This is first sample')
df
```

あとは、このファイルを指定して `streamlit run` を実行すると、サーバーが立ち上がり、ページが開きます（図9.7）。

```
// Streamlitの起動
$ streamlit run main.py
```

🔗 **This is first sample**

	first column	second column
0	1	10
1	2	20
2	3	30
3	4	40

　なんと、pandasのデータフレームを呼び出すだけで、Streamlit上でテーブルがレンダリングされるようになります。Streamlitでは、テーブルだけでなく各種グラフを表示させることができるほか、入力のテキストボックスやラジオボタン、ファイルアップロードのコンポーネントなどが揃っています[11]。

　そのため、簡単な入出力のアプリケーションであればStreamlitでほぼ記述することが可能です。複雑な状態管理や、デザインの制御は苦手としているので、ユースケースに合うかを事前に確認しておきます。なお、Custom Componentsという、Reactで記述したコンポーネントをインポートする機能もあるので、独自デザインのコンポーネントを作成することも可能です。

Streamlitでのデータビジュアライゼーション

　では、Snowpark Pythonと組み合わせて、Snowflakeからデータを取得して表示してみます。今回はirisデータセットをSnowflakeにロードして、それを取得して散布図を表示させてみます。Streamlitが標準で提供するチャート図などの他に、matplotlibやplotlyといったビジュアライゼーションライブラリのコンポーネントを表示させることができます（図9.8）。

リスト9.15: Plotlyの散布図を表示

```
import streamlit as st
from snowflake.snowpark import Session
import plotly.express as px


class SnowflakeSession:
    """
```

11.https://docs.streamlit.io/library/api-reference

```python
    Context manager for Snowflake session
    """

    def __init__(self):
        self._session = self.__session()

    def __enter__(self):
        return self._session

    def __exit__(self, exc_type, exc_val, exc_tb):
        self._session.close()

    @property
    def session(self):
        """
        :return: Snowflake session
        """
        return self._session

    def __session(self) -> Session:
        params = {
            "user": st.secrets["SNOWFLAKE_USER"],
            "password": st.secrets["SNOWFLAKE_PASSWORD"],
            "account": st.secrets["SNOWFLAKE_ACCOUNT"],
            "role": st.secrets["SNOWFLAKE_ROLE"],
            "warehouse": st.secrets["SNOWFLAKE_WAREHOUSE"],
            "database": st.secrets["SNOWFLAKE_DATABASE"],
            "schema": st.secrets["SNOWFLAKE_SCHEMA"],
        }
        return Session.builder.configs(params).create()


with SnowflakeSession() as session:
    # Snowflakeにアップロードするなら以下のコードを実行
    # iris = px.data.iris()
    # df_iris = pd.DataFrame(iris, columns=iris.columns)
    # session.create_dataframe(df_iris).write.save_as_table('iris',
mode='overwrite')

    df_iris = session.table('iris').to_pandas()
    fig = px.scatter(
```

```
        df_iris,
        x="sepal_length",
        y="sepal_width",
        color="sepal_length",
        color_continuous_scale="reds",
    )

    st.plotly_chart(fig, theme="streamlit", use_container_width=True)
```

図9.8: Plotly の散布図の表示結果

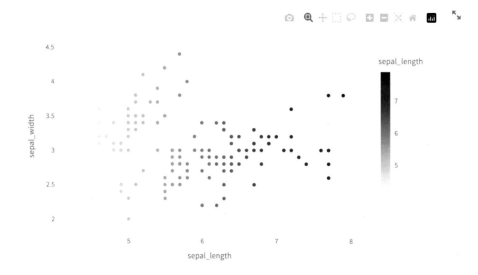

Made with Streamlit

　Streamlit では、.streamlit/secrets.toml に環境変数を設定するとロードしてくれるため、Snowflake のパスワードなどは環境変数に設定しておきましょう。なお、タブやサイドバーなどのレイアウトを活用して、ダッシュボードのようなものを作ることも可能です。リスト9.15では1ファイル内に SnowflakeSession クラスも定義していますが、一般的には別ファイルに切り出してインポートするのが良いでしょう。

Streamlit からのデータアップロード

　前述したように、ファイルをアップロードすることもできるため、ファイルをアップロードして Snowflake のテーブルにロードするアプリケーションを作ってみます。

　リスト 9.17 のように、streamlit.file_uploader を呼び出すだけで、ファイルアップローダーが生成できます（図 9.9）。ファイルがアップロードされると Python スクリプトが再評価され、49 行目のブロックに入ります。再度リロードすると 43 行目のブロックに入り、「already uploaded.」が表示されるようになります（図 9.10）。再度リロードせず画面を切り替えたい場合は、st.experimental_rerun() を呼び出すと再リロードせずに切り替わります。

リスト 9.17: Snowflake へのファイルアップローダー

```python
import streamlit as st
from snowflake.snowpark import Session
import pandas as pd


class SnowflakeSession:
    """
    Context manager for Snowflake session
    """
```

```python
    def __init__(self):
        self._session = self.__session()

    def __enter__(self):
        return self._session

    def __exit__(self, exc_type, exc_val, exc_tb):
        self._session.close()

    @property
    def session(self):
        """
        :return: Snowflake session
        """
        return self._session

    def __session(self) -> Session:
        params = {
            "user": st.secrets["SNOWFLAKE_USER"],
            "password": st.secrets["SNOWFLAKE_PASSWORD"],
            "account": st.secrets["SNOWFLAKE_ACCOUNT"],
            "role": st.secrets["SNOWFLAKE_ROLE"],
            "warehouse": st.secrets["SNOWFLAKE_WAREHOUSE"],
            "database": st.secrets["SNOWFLAKE_DATABASE"],
            "schema": st.secrets["SNOWFLAKE_SCHEMA"],
        }
        return Session.builder.configs(params).create()


with SnowflakeSession() as session:
    target_table = 'uploaded_2'
    res = session.sql(f"SHOW TABLES LIKE '{target_table}'").collect()
    # すでにテーブルが存在していたらアップロードできないようにする
    if len(res) > 0:
        st.write('already uploaded.')

    else:
        uploaded_file = st.file_uploader("Choose a file")
        if uploaded_file is not None:
            # アップロードしたら自動でSnowflakeにロードされる
```

```
df = pd.read_csv(uploaded_file)
session.create_dataframe(df).write.save_as_table(target_table)
# リロードして44行目のブロックに入れる場合は、以下を実行
# st.experimental_rerun()
```

図9.9: ファイルをアップロードする前

Choose a file

Drag and drop file here   Browse files
Limit 200MB per file

Made with Streamlit

図9.10: ファイルをアップロードした後

already uploaded.

Made with Streamlit

Streamlitのホスティング環境

2023年10月現在、Streamlitのアプリケーションは以下のような環境でホスティングすることが

可能です。

・独自に準備したクラウドインフラ上などでホスティングする
・Streamlit Community Cloudでホスティングする
・Streamlit in Snowflakeでホスティングする

自社のクラウドインフラ上でホスティングする場合は、Streamlitのアプリケーションをホスティングするためのインフラを自社で用意する必要があります。最も自由度が高く、やれることの幅も広い選択肢ですが、認証認可を自前で実装する必要があり、簡単にホスティングするのには向いていません。

Community CloudはGitレポジトリと連携してデプロイすることができ非常に簡単にホスティングできるうえ、無料で使えます。Googleアカウントによるアクセス制限をかけられますが、アクセス制限をつけられるアプリケーションは1つしかホスティングできないため、2つ目以降は全世界からアクセス可能なアプリケーションになります。もし2つ以上アクセス制限をかけたいアプリケーションがある場合にはCommunity Cloudは適していません。

また、Snowflake上でStreamlitのホスティングが可能です。Snowsight上からStreamlitアプリケーションを作成したり、利用したりすることができるようになっています。ただし、2023年10月時点では、利用可能なコンポーネントや機能に制限があるため注意が必要です[14]。こちらは、Streamlitアプリケーションを利用するタイミングでウェアハウスが都度起動して動くため、コスト面でも優れています[15]。Snowflakeのユーザーを用いたアクセス制限もかけられるようになるので、社内向けのアプリケーションなどでは非常に有用なのではないでしょうか。2023年10月時点ではGitレポジトリと連携したデプロイには対応していませんが、今後対応する予定とされています。

また、他の手段としては、Webブラウザ上で動作するstlite[16]を利用して、サーバーを立てずブラウザ上で実行できるようにすることも出来ます。

9.11　その他のトピック

本章では、Streamlitの使い方を中心に、データアプリケーションの開発について紹介しました。しかし、Snowflakeが目指すのは、より幅広いアプリケーション開発への対応です。Python製のWebアプリケーションフレームワークであるDjangoのバックエンドデータベースとしてSnowflakeを利用できるパッケージが提供されています[17]。裏側では、Python製のORMであるSQLAlchemyを利用しています。

また、**Snowpark Container Service**の提供も予定されています。名前の通り、コンテナをSnowflake上でホスティングすることが可能になる機能であり、Python以外のあらゆる言語で記述

14.https://docs.snowflake.com/en/developer-guide/streamlit/limitations

15.2023年10月現在、アプリの最後に使用してから15分程度はウェアハウスが起動し続けるため、注意が必要です。https://docs.snowflake.com/en/developer-guide/streamlit/about-streamlit

16.https://github.com/whitphx/stlite

17.https://github.com/Snowflake-Labs/django-snowflake

されたアプリケーションを動かせることができるようになります。Native Application Framework
と組み合わせて利用することで、より柔軟なアプリケーション開発と配布が可能になります。また、
Snowpark Container Serviceでは、GPUインスタンスの選択肢も提供されるため、GPUを用いた機
械学習などにも活用できるようになります。

9.12　まとめ

　本章では、Snowflake上でのアプリケーション開発の将来像と、現在できるPythonによるアプリ
ケーション開発やデータ分析について紹介しました。Snowflakeがこれから目指していくのは、デー
タを本来の持ち主の元に返し、データの利活用を正しく実現していこうという、壮大な未来です。
この未来に向けて、Snowflake上でのアプリケーション開発は、今後もさらに進化していくことで
しょう。

　Snowflakeについて、より詳しく実践例を学びたい場合には、公式チュートリアルが有用です。ぜ
ひ引き続き学習を進めてみてください。

・Snowflake Quickstarts[18]

18.https://quickstarts.snowflake.com/

あとがき

　ここまで本書を読んでいただき、ありがとうございました。2023年5月に、「Snowflakeの歩き方」と題した本を、技術書典14で頒布しました。その際、我々の想定を超えて、多くの方に手にとって頂けたことに驚きと感謝の気持ちでいっぱいです。その後、「Snowflakeの歩き方」を元に、本書を執筆いたしました。多くの加筆により、当初の予定よりも後ろ倒しになってしまいましたが、なんとか書き終えることができました。本書の執筆にあたり、ご協力いただいた皆様に感謝申し上げます。

　データを取り巻くテクノロジーは目まぐるしく進歩しています。その中にいると、その流れの速さに追いつくことに必死になってしまい、本質を見失うこともあります。近年では、データドリブンと言う言葉に対して、データインフォームドという言葉が使われることがあります。データインフォームドとは、データはあくまで参考情報として扱い、最終的な意思決定を人の手で行うことを意味します。データには必ず偏りが存在し、背景や前提となる事柄が存在します。データを盲目的に信じるのではなく、データを自らの意思決定の裏付けとして活用することが大切です。データを取り巻くテクノロジーも同様です。テクノロジーの最新情報を追いかけることは大切ですが、それらのテクノロジーの背景に存在する前提を正しく認識していく必要があります。それにより、必要以上に情報に振り回されることなく、自らの意思決定を行っていくことができるのだと思います。

　本書が、これからデータエンジニアリングの世界に飛び込んでみよう、と思う方の第一歩を踏み出す一押しになっていれば幸いです。ありがとうございました。

著者紹介

山中 雄生 （やまなか ゆうき）

京都大学情報学研究科修士課程卒業。2021年にラクスル株式会社に入社。ノバセル事業部にてバックエンドエンジニアとしてキャリアをスタート。2022年からSnowflakeを用いたデータ基盤の設計・開発に従事。データエンジニアリング領域におけるコミュニティ活動にも注力しており、2023年 Snowflake Data Superheroesの一人に選出。

小宮山 紘平 （こみやま こうへい）

東京大学大学院農学生命科学研究科を卒業後、2011年に株式会社ディー・エヌ・エーに入社。インフラ、サーバーエンジニアを経験し、2017年からデータエンジニアへとキャリアを進めた。2021年より株式会社GENDAにてデータ基盤の開発を始めとしたDX事業に広く関わる。Snowflakeコミュニティでの活動も精力的に行っており、2023年 Snowflake Data Superheroesの一人に選出。

◎本書スタッフ
アートディレクター/装丁：岡田章志＋GY
編集協力：深水央
ディレクター：栗原 翔
〈表紙イラスト〉
べこ
屋号：べころもち工房。デザイナー。「暖かくて優しい、しなやかなコミュニケーションを」をモットーに活動している。ゆるキャラとダムが好き。2児の母。群馬県在住。
サイト：https://becolomochi.com
Twitter：@becolomochi

技術の泉シリーズ・刊行によせて

技術者の知見のアウトプットである技術同人誌は、急速に認知度を高めています。インプレス NextPublishingは国内最大級の即売会「技術書典」(https://techbookfest.org/) で頒布された技術同人誌を底本とした商業書籍を2016年より刊行し、これらを中心とした『技術書典シリーズ』を展開してきました。2019年4月、より幅広い技術同人誌を対象とし、最新の知見を発信するために『技術の泉シリーズ』へリニューアルしました。今後は「技術書典」をはじめとした各種即売会や、勉強会・LT会などで頒布された技術同人誌を底本とした商業書籍を刊行し、技術同人誌の普及と発展に貢献することを目指します。エンジニアの"知の結晶"である技術同人誌の世界に、より多くの方が触れていただくきっかけになれば幸いです。

インプレス NextPublishing
技術の泉シリーズ 編集長 山城 敬

●落丁・乱丁本はお手数ですが、インプレスカスタマーセンターまでお送りください。送料弊社負担に てお取り替えさせていただきます。但し、古書店で購入されたものについてはお取り替えできません。
■読者の窓口
インプレスカスタマーセンター
〒101-0051
東京都千代田区神田神保町一丁目105番地
info@impress.co.jp

技術の泉シリーズ

ゼロからのデータ基盤 Snowflake実践ガイド

2024年3月22日　初版発行Ver.1.0（PDF版）

著　者　　山中 雄生,小宮山 紘平
編集人　　山城 敬
企画・編集　合同会社技術の泉出版
発行人　　高橋 隆志
発　行　　インプレス NextPublishing
　　　　　〒101-0051
　　　　　東京都千代田区神田神保町一丁目105番地
　　　　　https://nextpublishing.jp/
販　売　　株式会社インプレス
　　　　　〒101-0051　東京都千代田区神田神保町一丁目105番地

印刷・製本　京葉流通倉庫株式会社
Printed in Japan

ISBN978-4-295-60241-5

NextPublishing®
●インプレス NextPublishingは、株式会社インプレスR&Dが開発したデジタルファースト型の出版モデルを承継し、幅広い出版企画を電子書籍＋オンデマンドによりスピーディで持続可能な形で実現しています。https://nextpublishing.jp/